Qualitative Sozialforschung

Reihe herausgegeben von

Uwe Flick, Department of Psychology, Freie Universität Berlin, Berlin, Deutschland

Beate Littig, Institut für Höhere Studien, Wien, Österreich

Christian Lueders, Abteilung Jugend und Jugendhilfe, Deutsches Jugendinstitut, München, Deutschland

Angelika Poferl, Fakultät 12, Erziehungswissenschaft, Psychologie und Soziologie, Technische Universität Dortmund, Dortmund, Deutschland

Jo Reichertz, Essen, Deutschland

Die **Reihe Qualitative Sozialforschung** will Studierenden und Forschenden einführende, grundlegende und überschaubare Texte zu zentralen Aspekten qualitativer und interpretativer Methodologien und Methoden bieten. Dabei will die Reihe sich aktuellen Herausforderungen zuwenden, die alle Methodologien und Methoden qualitativer und interpretativer Sozialforschung tangieren sowie den Umbrüchen und Weiterentwicklungen in der Forschungslandschaft und dem Aufkommen neuer Themenfelder Rechnung tragen.

Die Bände der Reihe sollen monografische, auf einzelne qualitative Methodologien, Methoden fokussierte und thematisch konzentrierte Einführungen bieten. Sie sollen allen an der jeweiligen Forschungspraxis Interessierten relevantes Erfahrungswissen bereitgestellt werden. Zugleich stellen sie die theoretischen und methodologischen Prämissen vor und reflektieren sie.

Größere Bedeutung bekommen Debatten zu *Querschnittsthemen,* wie Datenschutz/Anonymisierung, Speicherung und Dokumentation qualitativer Daten, Sekundäranalysen, Generalisierung, mixed-methods, qualitative Onlineforschung, qualitative Sozialforschung im Kontext Social Media.

Weitere Themen werden in Bänden zu einzelnen *Paradigmen* der qualitativen/interpretativen Sozialforschung behandelt. Forschung an den *Grenzen der Kommunikation* (z. B. Behinderung, Krankheit etc.), Forschung mit Blick auf *vulnerable Gruppen,* sowie im Kontext von *Flucht und Migration,* zur *trans- und interkulturellen Forschung* und zu den methodischen Herausforderungen der *global/lokalen Diversifizierung* greifen aktuelle Herausforderungen auf.

Insgesamt geht es der Reihe darum, den Diskurs der qualitativen/interpretativen Sozialforschung mit zu gestalten und voranzubringen.

Weitere Bände in der Reihe http://www.springer.com/series/12481

Jörg Strübing

Grounded Theory

Zur sozialtheoretischen und epistemologischen Fundierung eines pragmatistischen Forschungsstils

4. vollständig überarbeitete und erweiterte Auflage

 Springer VS

Jörg Strübing
Eberhard Karls Universität Tübingen
Tübingen, Deutschland

Qualitative Sozialforschung
ISBN 978-3-658-24424-8   ISBN 978-3-658-24425-5   (eBook)
https://doi.org/10.1007/978-3-658-24425-5

Die Deutsche Nationalbibliothek verzeichnet diese Publikation in der Deutschen Nationalbiblio-
grafie; detaillierte bibliografische Daten sind im Internet über http://dnb.d-nb.de abrufbar.

1.–3. Aufl.: © Springer Fachmedien Wiesbaden 2004, 2008, 2014
4 Aufl.: © Der/die Herausgeber bzw. der/die Autor(en), exklusiv lizenziert durch Springer
Fachmedien Wiesbaden GmbH, ein Teil von Springer Nature 2021

Planung/Lektorat: Katrin Emmerich
Springer VS ist ein Imprint der eingetragenen Gesellschaft Springer Fachmedien Wiesbaden GmbH
und ist ein Teil von Springer Nature.
Die Anschrift der Gesellschaft ist: Abraham-Lincoln-Str. 46, 65189 Wiesbaden, Germany

Vorwort zur 4. Auflage

Seit dem Erscheinen der ersten Auflage dieses Bandes vor fast zwanzig Jahren hat sich die Theorie wie die Praxis des Forschungsstils der Grounded Theory weiterentwickelt und ausdifferenziert. Das hat auch mit dem wachsenden Stellenwert und der entsprechend größeren Aufmerksamkeit zu tun, die qualitativen Verfahren in der empirischen Sozialforschung mittlerweile zuteil werden. Auch aufgrund der immer weiteren Verbreitung der Grounded Theory innerhalb der qualitativ-interpretativen und rekonstruktiven Verfahren und der damit einhergehenden Methodendiskussionen haben sich inzwischen einige Verfahrensvarianten etablieren können, von denen vor allem eine, die Situationsanalyse auch in dieser überarbeiteten Neuauflage ausführlicher mit einbezogen wird. Dennoch stellt das zweite Kapitel weiterhin die klassische Vorgehensweise Strauss'scher Prägung dar, während den Ergänzungen und Varianten vor allem das abschließende Kapitel gewidmet ist.

Das Buch geht nun, sieben Jahre nach dem Erscheinen der dritten Auflage, in eine vierte, vollständig überarbeitete und erweiterte Auflage. Dies gab mir die willkommene Gelegenheit, die in der Zwischenzeit geführten Fachdiskussionen, aber ebenso auch die von Studentinnen und Studenten im Kontext vieler Seminare und Workshops in Tübingen und anderswo vorgetragenen kritischen Einwände und Ergänzungen zu bedenken und nach Möglichkeit in die Überarbeitung einfließen zu lassen. Allen, die auf diese Weise zur Weiterentwicklung des Buches beigetragen haben, sei an dieser Stelle herzlich gedankt. Ob ich allen Kritiken mit der Neuauflage gerecht werde, wage ich zu bezweifeln, zumindest aber habe ich es versucht.

Tübingen   Jörg Strübing
im März 2021

Inhaltsverzeichnis

Einleitung 1

Die Grounded Theory, die 2017 ihren 50. Geburtstag gefeiert hat, ist ein Produkt der Rebellion. Sie erblickte das Licht der Welt nicht zufällig gerade zu einer Zeit als auch in den USA die jungen Studenten an den Universitäten gegen die Routinen und Verkrustungen des universitären Betriebs, den Muff der McCarthy-Ära und die imperiale Selbstgewissheit des American Way of Life aufbegehrten. Genau für diese junge Akademikergeneration, die „Kids", wie Strauss sie an anderer Stelle nennt (Legewie & Schervier-Legewie, 2004, Abs. 51), haben Glaser und Strauss Mitte der 1960er-Jahre mit ihrem Buch *The Discovery of Grounded Theory* ein „Manifest der qualitativen Sozialforschung" verfasst (Joas & Knöbl, 2004, S. 215). Aus diesem noch rohen Entwurf hat sich ein Verfahren entwickelt, von dem heute mitunter behauptet wird, es habe mittlerweile den „Status einer allgemeinen Methodologie qualitativer Sozialforschung" erlangt (Tiefel, 2005, S. 65). Auch wenn man so weit nicht gehen mag, bleibt doch festzuhalten, dass die Grounded Theory in letzten fünf Jahrzehnten zu einem der am weitesten verbreiteten Verfahren der qualitativ-interpretativen Sozialforschung geworden ist.

Grounded Theory hat sich aber auch zu einem der am häufigsten gebrauchten Schlagworte im Zusammenhang mit qualitativer Sozialforschung entwickelt. Reihenweise wird sich in den Methodenteilen qualitativ-empirischer Studien auf dieses Verfahren berufen, als ließen sich damit die höheren Weihen interpretativer Sozialforschung erlangen. Leider beschleicht den Leser und die Leserin beim Studium solcher Forschungsberichte nicht selten der Verdacht, dass man auch dann gerne nach dem Gütesiegel ,Grounded Theory' greift, wenn man selbst nicht so recht weiß, wie man zu Ergebnissen gekommen und welchem Verfahren man dabei gefolgt ist. Dafür gibt es Gründe, gute und schlechte. Zu den guten zählt, dass Grounded Theory sich weniger als präskriptives ,Verfahren' versteht, dem haargenau zu folgen wäre. Vielmehr ist Grounded Theory eher gedacht als eine konzeptuell verdichtete, methodologisch begründete und in sich konsistente Sammlung von Vorschlägen, die sich für die Erzeugung gehaltvoller Theorien über sozialwissenschaftliche Gegenstandsbereiche als nützlich erwiesen haben. Auch lässt sich unter den positiven Gründen aufführen, dass die in der Grounded Theory formulierten Verfahrensgrundsätze und Arbeitsprinzipien in der Tat ein hohes Maß an Allgemeinheit aufweisen und in fast jeder Art von qualitativ-interpretativer Forschung in der einen oder anderen Weise Berücksichtigung finden. Auch wenn Grounded Theory damit noch keine „allgemeine Methodologie qualitativer Sozialforschung" (s. o.) ist, so lassen sich aus ihr doch viele Überlegungen dazu ableiten.

Zu den schlechten Gründen für die Etikettierung von Studien als Grounded Theory-basiert zählt das weit verbreitete Missverständnis, die wie auch immer beschaffene Verknüpfung von qualitativen Daten mit theoretischen Aussagen oder auch nur die ausschweifende Paraphrase empirischer Daten sei schon durch die Rede von der empirisch begründeten Theoriebildung gedeckt. Das ist natürlich nicht der Fall und von keinem der beiden Begründer der Grounded Theory so gemeint.

Angesichts der in vielen Texten dominierenden Pragmatik der Darstellung der Verfahrensweise der Grounded Theory wird gerne übersehen, dass es sich um eine sehr spezifische Form eines systematisch-experimentellen Wirklichkeitszugangs handelt, der einer klaren, wissenschaftstheoretisch orientierten Entdeckungs- und Falsifikationslogik unterliegt, wie sie vor allem von C.S. Peirce und J. Dewey entwickelt wurde. Allerdings setzt diese wissenschaftstheoretische Position auf einem spezifischen Wirklichkeitsbegriff auf, der die geläufige Dichotomie von subjektiv und objektiv überwindet und das Verhältnis von Akteur und Umwelt neu bestimmt.

Seit seinem Erscheinen in der ersten Auflage 2004 schließt der vorliegende Band eine Lücke im Bereich deutschsprachiger Veröffentlichungen zur Grounded Theory. Zwar ist mit *The Discovery of Grounded Theory* von Barney Glaser und Anselm Strauss (1998) die Gründungsschrift des Verfahrens mittlerweile ebenso ins Deutsche übersetzt worden, wie die beiden von Strauss verfassten bzw. mitverfassten Lehrbücher zur Grounded Theory (Strauss, 1991b; Strauss & Corbin, 1996)[1]. Auch gibt es einige andere pragmatisch orientierte Darstellungen zur Grounded Theory entweder als Monographien (Breuer et al., 2017) oder als Bestandteile von Sammeldarstellungen qualitativer Verfahren (Flick, 2001; Brüsemeister, 2008; Przyborski & Wohlrab-Sahr, 2014). Wenig Berücksichtigung fand

---

[1] Noch nicht übersetzt ist allerdings die deutlich verbesserte und nun von Corbin allein verantwortete dritte Auflage des Buches (Corbin & Strauss, 2008).

bislang dagegen die Diskussion der epistemologischen und sozialtheoretischen Hintergründe der Grounded Theory. Eine Ausnahme bilden hier neben meinen eigenen Arbeiten die Schriften von Kelle (1994, 2008), der Grounded Theory und analytische Induktion vergleichend in Bezug auf einige methodologisch-epistemologische Standardthemen befragt und Fragen der systematischen Theoriebildung adressiert. Im englischsprachigen Raum liegen zur erkenntnis- und wissenschaftstheoretischen Verortung der Grounded Theory ebenfalls nur vereinzelte Arbeiten vor.[2] Auch eine kritische Aufarbeitung der Gegensätze in den methodologischen Positionen von Glaser und Strauss hat in der deutschen Methodendiskussion erst begonnen (Kelle, 2011; Strübing, 2011)[3] – ein weiteres Indiz dafür, dass die epistemologische und wissenschaftstheoretische Dimension der

---

[2] Hier ist die schon etwas ältere Monographie von Dey (1999) zu nennen, der sich recht kritisch sowohl mit der methodologischen Begründung als auch mit den praktischen Handlungsanleitungen der Grounded Theory befasst. In jüngerer Zeit befassen sich vor allem Bryant (2017) sowie Tavory & Timmermans (2014) mit dem Einfluss pragmatistischen Denkens auf den Forschungsstil von Anselm Strauss. Daneben thematisiert eine Reihe von Aufsätzen in verschiedenen Zeitschriften meist aus den Erziehungs- und Pflegewissenschaften einzelne Aspekte der Geltungsbegründung und Schlusslogik der Grounded Theory (Eisenhardt, 1989; Annells, 1996; Haig, 1995; Miller & Fredericks, 1999). In den 2007 und 2019 von Bryant und Charmaz vorgelegten Handbüchern zur Grounded Theory behandeln zwar eine Reihe von Autoren auch einzelne methodologische Aspekte der Grounded Theory (insbesondere Kelle, 2007; Strübing, 2007, 2019a; Reichertz, 2007, 2019), doch findet sich hier ebenso wenig eine umfassende Diskussion wie in dem Einführungsbuch von Charmaz (2006). Letzteres zielt eher darauf, ihre „konstruktivistische" Interpretation von Grounded Theory gegenüber den Varianten von Glaser und von Strauss zu profilieren, ohne diese jeweils differenziert zu betrachten. Auch aktuellere Einführungsbücher wie die von Cathy Urquhart (2013) oder von Barry Gibson und Jan Harman (2013) folgen dem angelsächsischen Trend zur Vermittlung von Methodenwissen als praktischem „Hands-on-knowledge". Clarkes (2012/2004) „Situational Analysis", auf die ich in Kap. 6 näher eingehen werde, stellt zwar die mit Abstand wichtigste Weiterentwicklung der Grounded Theory dar und bezieht sich intensiv auf den sozialtheoretischen Kern der Strauss'schen Soziologie. Sie stößt dabei allerdings recht stark ins postmoderne Horn, ohne die methodologischen Hintergründe der traditionellen Grounded Theory angemessen auszuleuchten. Unabhängig von der Kritik im Einzelfall sind diese Arbeiten dennoch gut geeignet, ein Bild der beständigen Weiterentwicklung dieses Forschungsstils zu zeichnen.

[3] Auch die wenigen englischsprachigen Texte dazu (abgesehen von den in der vorangegangen Fußnote genannten Autoren sind hier einschlägig: Smit, 1999; Melia, 1996; Kendall, 1999) können nicht darüber hinwegtäuschen, dass selbst in der amerikanischen Diskussion die Unterschiede zwischen den Methodenverständnissen von Strauss und Glaser nicht sehr präsent sind. Immerhin gab es vor einigen Jahren eine Tagung mit allen führenden Vertreterinnen der verschiedenen Varianten von Grounded Theory, bei der auch Differenzen zwischen Glaser und Strauss breiten Raum einnahmen (Morse et al., 2009). Man kann allerdings nicht davon sprechen, dass das dort diskutierte differenzierte Verständnis von Grounded Theory

Grounded Theory noch kaum erschlossen ist. Der vorliegende Band beansprucht nun nicht etwa selbst eine systematische Ausarbeitung der gesamten umrissenen Thematik zu leisten. Es geht mir vielmehr darum, die zentralen Linien der Argumentation für die methodologische Grundlegung der Grounded Theory in einer für die akademische Lehre nutzbaren, übersichtlichen Form darzustellen und damit Argumentationshilfen für überzeugende und in sich konsistente Darstellungen Grounded Theory-basierter Forschungsarbeiten zu liefern.

Von ‚der‘ Grounded Theory zu sprechen, wäre allerdings irreführend: Spätestens seit 1978, als Glasers *Theoretical Sensitivity* (1978) erschien, gibt es zwei Varianten dieses Verfahrens, eine von Anselm *Strauss* geprägte pragmatistisch inspirierte, die er, teilweise gemeinsam mit Juliet Corbin, in ihren praktischen Dimensionen näher ausgearbeitet hat, sowie eine – wie ich es nennen würde – empiristische Variante von Barney Glaser, die dieser nach „*Theoretical Sensitivity*" vor allem in dem sehr polemischen und *Strauss*-kritischen Buch *Emergence vs. Forcing* (1992) und dann noch einmal aktualisiert in *Doing Grounded Theory* (1998) postuliert hat. Auf die wesentlichen Unterschiede zwischen den beiden konkurrierender Varianten gehe ich im fünften itel ein. In den übrigen Teilen des Buches aber orientiere mich ausschließlich an der von *Strauss* geprägten Richtung, die ich für die weiterführende, weil wissenschafts- und methodentheoretisch konsistentere halte.

Über epistemologische und methodologische Hintergründe der Grounded Theory lässt sich nicht gut reden, solange nicht auch die Begriffsbedeutung und die Grundzüge des Verfahrens hier noch einmal kurz rekapituliert werden. Dies geschieht im *zweiten Kapitel,* das Grundsätze, Prozesslogik und Verfahrensschritte der Grounded Theory unter Bezugnahme auf die deutschen und englischen Fassungen der einschlägigen Standardwerke kurz vorstellt. Auf die Darstellung in diesem Kapitel nimmt die Diskussion in den folgenden Kapiteln immer wieder Bezug. Wichtig ist mir, dass an dieser Stelle sehr deutlich wird, was tatsächlich gemeint ist, wenn in der Grounded Theory etwa von „Kodieren", „theoretischem Sampling" oder „Konzepten" die Rede ist. Missverständnisse wie etwa jenes, dass Kodieren in der Grounded Theory so etwas wie ein Bezeichnen von Textstellen mit einem Begriff sei, werden hier ausgeräumt. Allerdings kann dieses Kapitel nicht die Leistung einer systematischen Einführung in das ‚how to do‘ Grounded Theory-orientierten Forschens übernehmen. Dies bleibt den von Strauss bzw. Strauss und Corbin vorgelegten Einführungen vorbehalten.

---

in der Forschungspraxis der verschiedenen sozialwissenschaftlichen Fächer gleichermaßen seinen Platz gefunden hätte.

Nachdem das zweite Kapitel die praktischen Aspekte des Verfahrens rekapituliert hat, geht es im *dritten Kapitel* um die Darstellung der epistemologischen und sozialphilosophischen Grundlagen der Grounded Theory. Dabei stelle ich gezielt den Hintergrund der Strauss'schen Fassung der Grounded Theory dar, also Aspekte des klassischen amerikanischen Pragmatismus (vgl. als Überblick Nagl, 1998) und der Chicagoer Soziologie. Insbesondere wird die Bedeutung handlungspraktischer Konsequenzen als Wahrheitskriterium, die erkenntnistheoretische Spannung von ‚Zweifel' und ‚Überzeugung/Gewissheit' in Deweys Modell des handlungspraktischen Problemlösens sowie das pragmatistische Kontinuitätsprinzip dargestellt. Hinzu kommt das bislang wenig verstandene und in Deutschland wie auch im Angelsächsischen lange Zeit kaum rezipierte, erkenntnislogische Prinzip der Abduktion von Peirce einschließlich einer Diskussion seiner (Un-)Tauglichkeit als Geltungsbegründung für qualitativ-interpretativ erarbeitete Forschungsergebnisse.[4] Zwangsläufig komme ich in dieser Darstellung auch auf das relationale Realitätsverständnis des Pragmatismus und dessen Verhältnis zu den Realitätskonzeptionen des Realismus und des Konstruktivismus zu sprechen. Dieser Punkt ist zentral für die spätere Diskussion von Qualitätssicherungsstrategien und Gütekriterien in der Grounded Theory, die sich in einigen Punkten deutlich von denen nomologisch-deduktiver Konzeptionen unterscheiden, ohne deshalb aber postmoderner Beliebigkeit anheim zu fallen.

Der Theoriebegriff der Grounded Theory, dem sich das *vierte Kapitel* zuwendet, unterscheidet sich deutlich von anderen Theoriebegriffen, indem hier Prozessualität fokussiert wird, also die kontinuierlichen Prozesse des Theoretisierens in den Vordergrund gerückt und ‚Theorien' als temporär-vergängliche Reifikationen aus diesem Prozess betrachtet werden, die im Moment ihrer Formulierung bereits wieder Ausgangspunkt neuen Theoretisierens sind. Zugleich zielt das Verfahren der Grounded Theory – *nomen est omen* – explizit und nachdrücklich auf das Entwickeln neuer substantieller wie formaler Theorien und bescheidet sich nicht mit ‚bloßen' Beschreibungen. Dabei ist allerdings zu beachten, dass auch die Unterscheidung ‚Deskription – Explikation' eine artifizielle ist und als Dualismus zumindest ebenso problematisch, wie es die Unterscheidungen von Natur vs. Kultur, Subjekt vs. Umwelt oder Körper vs. Geist sind. Indem

---

[4] Wobei ich mich hier weitgehend Reichertz (1993) anschließe, der anschaulich gezeigt hat, dass Abduktion so, wie sie in der gegenwärtigen Sozialforschung Verwendung findet, gerade kein logisches Schlussverfahren ist und daher als Geltungsbegründung nicht taugt. Ich argumentiere darüber hinaus, dass Abduktion nur als Prozessetappe im Problemlösungsprozess (der *„inquiry"*, wie Dewey es nennt) sinnvoll ist und daher erst die systematische und vollständige Durchführung der *inquiry* als Anhaltspunkt für die Gültigkeit der Ergebnisse taugen kann.

wir beschreiben, erklären wir uns zu einem guten Teil ‚immer schon‘, wie
der betrachtete Weltausschnitt ‚funktioniert‘ – insofern ist auch jegliche Denun-
ziation von Beschreibungen als ‚bloße‘ Verdopplung der unverstandenen Welt
haltlos. Allerdings leistet eine gute Erklärung mehr, und sie wird entsprechend
in einem anderen Verfahren gewonnen, z. B. in dem der Grounded Theory, das
mit einer permanenten Iteration der Erkenntnisschritte von Induktion, Abduktion
und Deduktion operiert und dabei kontinuierlich Theorien entwickelt, testet und
modifiziert.

Das *fünfte Kapitel* befasst sich dann mit Glasers Kritik an der methodologischen Position von Strauss und Corbin. Hier wird aufgezeigt, dass der von
Glaser in den 90er Jahren in die wissenschaftliche Öffentlichkeit getragene Dissens mit Strauss nur die Konsequenz jener epistemologischen Gegensätze ist,
die schon im *Discovery*-Buch vorhanden waren, nicht aber offengelegt wurden.
Glaser mit seinem Hintergrund in der von Lazersfeld und Merton geprägten positivistischen Tradition der Columbia School, und Strauss mit seiner Verwurzelung
im amerikanischen Pragmatismus und im symbolischen Interaktionismus haben,
was ihre philosophische und wissenschaftstheoretische Grundorientierung betrifft,
erstaunlich wenig miteinander gemein, sie verfügen nicht einmal über kompati-
ble Begriffe von Realität und Erfahrung – was eine basale Voraussetzung für ein
schlüssiges methodologisches Konzept wäre.

Wie andere qualitative Verfahren auch, leidet die Grounded Theory mitunter
daran, dass ihre Verfahren und Ergebnisse in der kritischen Auseinandersetzung
mit Vertreterinnen traditioneller Methodologien an Gütekriterien gemessen werden, die der Grounded Theory insofern äußerlich sind, als sie einem gänzlich
anderen erkenntnistheoretischen Paradigma entstammen. Zugleich laden die vorliegenden Darstellungen der Grounded Theory zu derartigen Missverständnissen
geradezu ein, denn was wir in anderen Methodenbüchern regelmäßig finden,
fehlt hier fast gänzlich: Ein explizites Kapitel über Gütekriterien.[5] Wie können
wir herausfinden, was eine ‚gute‘, also gültige und sachangemessene, empirisch
begründete Theorie ist? Die Vermutung liegt nahe, dass die Dreifaltigkeit der
Gütekriterien nomologisch-deduktiver Verfahren, also Reliabilität, Validität und
Repräsentativität, hier zumindest nicht hinreichend spezifisch ist, ihre schema-
tische Übertragung daher keine Lösung wäre. Dies aber nicht, weil Grounded
Theory unsystematische, nicht repräsentative oder gar gegenstandsunangemessene

---

[5] Nicht einmal in einem Aufsatz, in dessen Titel explizit von „*evaluative criteria*“ die Rede
ist, äußern Corbin und Strauss sich näher zu irgendwelchen *Verfahren* der Gültigkeitsprüfung
(1990).

Theorien hervorbringt, sondern weil die Art der Theorieerzeugung, der Datenauswahl sowie der Hypothesenbildung und -prüfung anderen Grundannahmen folgt und daher auch nach einer anderen Art der Geltungsbegründung verlangt. Wenn Realität etwa als Relation zwischen Subjekt und einer kontinuierlich im Werden befindlichen Welt verstanden wird, dann kann man bei der Replikation einer Studie, auch wenn ihr Untersuchungsdesign absolut sachangemessen und in diesem Sinne ‚gültig' ist, nicht erwarten, dass eine Wiederholung die ‚gleichen' Ergebnisse erbringt: Andere Forscher zu einem anderen Zeitpunkt in einem schon allein durch den Zeitverlauf veränderten Feld können eine tatsächliche Wiederholung gar nicht mehr leisten.

Diese und weitere Probleme der Formulierung adäquater Gütekriterien diskutiert das sechste *Kapitel*. Dabei werden die (wenigen) einschlägigen Aussagen von Strauss und Corbin kritisch diskutiert und unter Bezug auf die vorgestellte pragmatistische Erkenntnistheorie und Sozialphilosophie so ergänzt, dass daraus ein nachvollziehbares Konzept der Geltungsbegründung und Qualitätsprüfung für auf den Verfahren der Grounded Theory beruhende gegenstandsbezogene Theorien entsteht. Zugleich schließt diese Diskussion an aktuelle Bemühungen um ansatzübergreifende Gütekriterien für die qualitative Sozialforschung an (Strübing et al., 2018).

Längst sind die von Strauss geprägte Grounded Theory und die von Glaser vertretene induktivistische Version nicht mehr die einzigen Varianten dieses Ansatzes. Verschiedene Richtungen haben sich etabliert, mal mehr mal weniger explizit ausgeflaggt. Das Feld der Grounded Theory-Ansätze ist daher verschiedentlich und immer wieder unterschiedlich unterteilt worden. So unterscheidet Denzin (2007, S. 454) sieben Varianten, während sich Jo Reichertz (2019, S. 260) – wie ich finde: angemessener – mit 5 Varianten begnügt. Dieser Klassifikation folgend orientiere ich mich hier an der klassischen Grounded Theory von Strauss, die ich als pragmatistische Grounded Theory bezeichnen würde und die bei Reichertz nicht nur von der induktivistischen Version Glasers unterschieden wird, sondern auch von der späten, von Reichertz als „Code-oriented" charakterisierten Grounded Theory, die Strauss mit Corbin ab ca. 1990 vertreten hat. Das abschließende *siebte* Kapitel unternimmt es nach einem kurzen Durchgang durch Unterschiede und Ähnlichkeiten der verschiedenen Varianten schließlich den bislang weitestgehenden Vorschlag, die Situationsanalyse von Clarke, näher vorzustellen und damit auch einen Hinweis auf die Potenziale der Weiterentwicklung dieses Forschungsstils zu geben.

Was ist Grounded Theory?

2

2.1   Forschen als Arbeit

Der Versuch, den Begriff *Grounded Theory* ins Deutsche zu übertragen, hat zu
einigen Problemen geführt. Die naheliegende Übersetzung als „begründete Theorie" (so schon Gerdes, 1978) ist zwar nicht falsch, verfehlt aber das Spezifische:
Letztlich sollte jede Theorie in irgendeiner Weise ‚begründet' sein. Korrekt müsste
es zumindest ‚in empirischen Daten gegründete Theorie' heißen – als Label
aber ist das schwer verdaulich.[1] Eine andere frühe Übersetzung versucht es mit
„gegenstandsbezogene Theorie" (vgl. Hopf & Weingarten, 1979). Doch obwohl
zu Recht die Fokussierung auf den empirischen Gegenstand der Forschungsarbeit betont wird, bleibt mit Hildenbrand (1991) immer noch einzuwenden,
dass auch dies – zumindest idealtypisch – für eine jede sozialwissenschaftliche Theorie gelten müsste. Überdies beansprucht die Grounded Theory gerade
über gegenstandsbezogene Theorien hinaus auch Elemente einer formalen oder
allgemeinen Sozialtheorie hervorbringen zu können. Auch die Rede von der
„Entdeckung" gegenstandsbezogener Theorie, die den Titel der Gründungsschrift
von 1967 prägt, ist missverständlich. Zwar betont Strauss, dass was er unter
Grounded Theory versteht, nämlich „eine konzeptuell dichte Theorie (…), die
sehr viele Aspekte der untersuchten Phänomene erklärt" (Strauss, 1991b, S. 25)
als *Ergebnis* eines induktiv angelegten Forschungsprozesses entsteht. Doch darf
‚entstehen' hier nicht mit ‚entdecken' verwechselt werden: Auch wenn Glaser
und Strauss 1967 von „*Discovery of Grounded Theory*" sprechen: Gemeint ist
damit eher die Entdeckung des Verfahrens selbst und nicht die der jeweiligen

---

[1] Lamnek (1988, S. 106) kondensiert diesen Zusammenhang auf „datenbasierte Theorie" und
kommt damit zumindest sprachlich dem Original am nächsten.

© Der/die Autor(en), exklusiv lizenziert durch Springer Fachmedien
Wiesbaden GmbH, ein Teil von Springer Nature 2021
J. Strübing, *Grounded Theory*, Qualitative Sozialforschung,
https://doi.org/10.1007/978-3-658-24425-5_2

theoretischen Erträge Grounded Theory-basierten Forschens. In diesem Punkt
teilt Strauss die pragmatistische Vorstellung einer aktivistischen, durch kreatives
Handeln hervorgebrachten Bedeutung von Objekten (s. Kap. 2).

Der Grund für diese naheliegenden Missverständnisse findet sich in der – für
das Strauss'sche Denken ganz untypischen – substantivischen und damit objektivierenden Form des Labels ,Grounded Theory', das seine Doppeldeutigkeit daraus
bezieht, dass es die zentrale Qualität der mit dem Verfahren zu erarbeitenden
Theorien zugleich zum Namen für das Verfahren selbst erhebt. Oder, wie Norman Denzin schreibt: Grounded Theory „ist zweierlei zugleich, ein Verb, eine
Untersuchungsmethode und ein Nomen, ein Produkt der Untersuchung" (Denzin, 2007, S. 454; vgl. auch Clarke, 2005, S. 507). Ganz genau müssten wir also
von einem ,Forschungsstil zur Erarbeitung von in empirischen Daten gegründe-
ten Theorien' sprechen – was vielleicht doch ein wenig umständlich wäre. Man
kann aber auch, wie es Star tut, die im Begriff nahe gelegte Identifizierung des
Ergebnisses mit der Aktivität geradezu als Hinweis auf die von Strauss vertretene
analytische Perspektive verstehen:

> Das im Begriff ,Grounded Theory' enthaltene Oxymoron ist ein Hinweis, dass diese
> Methode eine Form des Ringens mit dem ist, was den sichtbaren Grund mit der unsicht-
> baren Abstraktion vereint. Dass der ,Kleber' Arbeit ist, wird in unterschiedlicher Weise
> in der Diskussion sichtbar, die die Arbeit der Forschenden und die von den untersuchten
> Menschen verrichtete Arbeit fokussiert. (Star, 1991, S. 270).[2]

Dies ist in der Tat ein Schlüssel zum Verständnis nicht nur der methodischen,
sondern auch der sozialtheoretischen Bemühungen von Strauss (vgl. Strübing,
2007a): Bei ihm geht es immer um das Verhältnis von Arbeit im Sinne problemlösenden Handelns zu den dabei kontinuierlich hervorgebrachten Objektivationen.
Das Label Grounded Theory unterstreicht also, dass den als Ergebnis präsen-
tierten Theorien ein sozialer Prozess vorausgegangen ist, in dem in praktischen
Aushandlungen Entscheidungen getroffen wurden, die in den Theorien als Ein-
schreibungen präsent sind, aber nur unter Rekurs auf den Forschungsprozess
wieder sichtbar zu machen sind.

---

[2] Eventuelle Hervorhebungen in Zitaten in diesem Band stammen soweit nicht anders vermerkt von den jeweiligen Autorinnen. Um die Lesbarkeit des Buches als Lehrtext zu
verbessern, sind – soweit nicht inhaltliche oder stilistische Gründe dagegen sprachen – alle
englischsprachigen Zitate von mir ins Deutsche übertragen worden.

Aus dieser Perspektive resultiert auch das vielleicht wichtigste Charakteristikum der Grounded Theory, die ausdrückliche Repräsentation von Datenanalyse und Theoriebildung als praktische, interaktiv zu bewältigende und zu organisierende Tätigkeiten (vgl. Strauss, 1991b, S. 34 f.). Für Strauss hat diese Auffassung zwei zentrale Konsequenzen. Die eine besteht darin, dass die Organisation der Arbeitsprozesse den roten Faden seiner Darstellung des Forschungsstils der Grounded Theory bildet. Er betont,

> daß Forschungsarbeit aus mehr besteht als aus einer Reihung von Aufgaben oder einer klaren Formulierung der Ziele solcher Aufgaben. Sie erfordert, daß die Arbeit organisiert wird; das bedeutet, daß Aufgaben koordiniert werden (...), und das schließt den Umgang mit physischen, sozialen, personalen Ressourcen ein, der notwendig ist, damit die Forschungsarbeit getan werden kann (1991b, S. 34).

Von gängigen Lehrbüchern der empirischen Sozialforschung unterscheidet Strauss sich hier insofern diametral, als er gar nicht erst versucht, eine idealtypische und von den situativen Umständen des konkreten Forschungsvorhabens unabhängige Sequenzialität einzelner Prozessschritte zu suggerieren (sonst gerne als ‚der Forschungsprozess‘ in einschlägigen Einführungen abgehandelt). Stattdessen betont die Grounded Theory die *zeitliche Parallelität* und wechselseitige *funktionale Abhängigkeit* der Prozesse von Datenerhebung, -analyse und Theoriebildung (vgl. Abb. 2.1 und Strauss, 1991b, S. 44 ff.). Keiner dieser Prozesse wird als jemals vollständig abschließbar aufgefasst, Theorie bildet nicht den Endpunkt des Forschungsprozesses, allein schon, weil sie von Beginn der Forschungsarbeit an kontinuierlich produziert wird und keinen festen Endpunkt kennt (vgl. Kap. 4). Damit einher geht die Vorstellung einer Steuerung des Prozesses aus sich selbst heraus. Dies allerdings nicht im Sinne eines von zwingenden Schrittfolgen bestimmten Automatismus, sondern in Form eines kontinuierlichen Wechsels von Handeln und Reflexion, wobei diese reflexive Prozesssteuerung ihre Entscheidungskriterien in den vorangegangenen Prozessetappen findet (im Wege des „theoretischen Sampling", s. u.).

Die *zweite* Konsequenz, die die Auffassung von empirischer Sozialforschung als einer praktischen Tätigkeit hat, ergibt sich zwingend aus dem von *Strauss* präferierten dialektischen Begriff von Arbeit: Gegenstand und sich damit forschend befassende Akteure stehen in einer Wechselbeziehung, in der beide einander verändern. Strauss übernimmt dabei von Dewey die Auffassung, dass zwischen Wissenschaft und Kunst kein grundsätzlicher Unterschied besteht, und bezieht dessen Verständnis des Verhältnisses von Kunstwerk und Künstlerin analog auf den qualitativen Forschungsprozess:

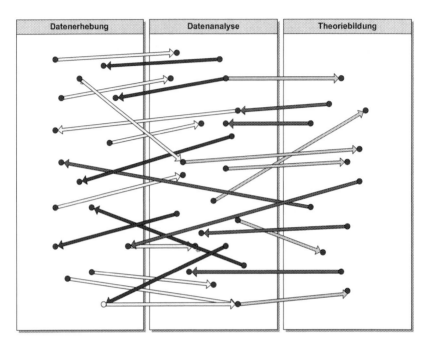

Abb. 2.1 Parallelität der Arbeitsschritte im Verfahren der Grounded Theory (nach Strauss, 1991, S. 46)

Der Ausdrucksakt, aus dem sich ein Kunstwerk entwickelt, ... ist keine momentane Äußerung. Diese Behauptung ... bedeutet, daß der Ausdruck des Selbst in einem und durch ein Medium – was das eigentliche Kunstwerk ausmacht – *an sich* eine Verlängerung einer Interaktion von etwas dem Selbst entstammenden mit konkreten Umständen ist – ein Prozeß, in dem beide eine Ordnung und eine Form annehmen, die sie vorher nicht besaßen (Dewey, 1934, S. 63, aus der Übers. 1980, S. 79, zit. n. Strauss, 1991b, S. 35).

Die Grounded Theory findet in dieser Überlegung ihre Begründung für die in der interpretativen Sozialforschung gängige Vorstellung, die Forschenden seien nie allein neutrale Beobachter, sondern zwangsläufig als Interpreten ihrer Daten und als Entscheider über den konkreten Gang der theoretischen Argumentation immer auch Subjekte des Forschungsprozesses. Strauss' Argument lautet also, stark verkürzt: Wenn Forschung Arbeit ist und Arbeit als dialektisches Wechselver-hältnis zwischen Subjekt und Objekt aufgefasst wird, dann muss das Resultat des

Prozesses, die erarbeitete Theorie, immer auch ein subjektiv geprägtes Produkt sein.

In der methodologischen Diskussion zwischen Verfechterinnen der nomologisch-deduktiven und Vertreterinnen interpretativer Ansätze wird von Ersteren gerne gegen Letztere eingewandt, die in die Forschung einfließende Subjektivität seitens der Forschenden beeinträchtige die Gültigkeit der Ergebnisse, denn schließlich müssten wissenschaftliche Ergebnisse intersubjektive Gültigkeit beanspruchen können. Das klassische Gegenargument lautet in etwa: So schlimm sei das nicht, weil Forscherinnen auch im „interpretativen Paradigma" (Wilson, 1982) benennbaren Forschungsregeln zu folgen hätten und sie überdies nicht als Einzelne isoliert von ihrer *scientific community* forschen würden. Beides übe einen kontrollierenden Einfluss aus, ‚bändige' also die im Einzelfall womöglich ‚überschießende' Subjektivität der Forschenden. Grounded Theory stützt sich allerdings nicht allein auf dieses durchaus plausible Argument, sondern schließt sich darüber hinaus der pragmatistischen Position an, die aus der Untersuchung der Prozesse praktischen Problemlösens in und außerhalb der Wissenschaften zu dem Schluss kommt, problemlösende Erkenntnis sei anders als auf dem Weg über die innere Beteiligung der problemlösenden Subjekte grundsätzlich nicht zu gewinnen (s. Kap. 3). Nicht allein die Analyse (vorwiegend) qualitativer Daten in den Sozialwissenschaften wird hier also als ‚Kunstlehre' verstanden, sondern Prozesse wissenschaftlichen Erkenntnisgewinns insgesamt – wobei graduelle Unterschiede in Abhängigkeit vom Gegenstand sehr wohl gesehen werden.[3]

Kunstfertigkeit im wissenschaftlichen Forschen ist also nicht nur wünschenswert, sondern notwendig und durch systematische Regelbefolgung nicht zu substituieren. Dieser Begriff von Kunstlehre darf allerdings nicht mit jenem Verständnis von verstehender Interpretation als intersubjektiv nicht nachvollziehbarer reiner Kunst verwechselt werden, das in der Diskussion um Wilhelm Diltheys Hermeneutik diesem fälschlich zugeschrieben wurde (vgl. Dilthey, 2004, S. 23 f.).[4] Denn aus der Perspektive der Grounded Theory ist das Verstehen zum einen kein Gegensatz zum Erklären – hier finden wir auch eine Ähnlichkeit zu

---

[3] An diesem Punkt zeigt sich, dass die wissenschaftssoziologische Position des Pragmatismus und die methodologischen Postulate der Grounded Theory die gleiche Sprache sprechen.

[4] Dilthey spricht zwar von der „persönlichen genialen Virtuosität des Philologen" bei der Auslegung von Schriften, sein zentrales Argument für die Hermeneutik ist aber gerade das der Methodisierung: Gerade weil persönliche Genialität für das wissenschaftliche Verständnis von Texten mangels intersubjektiver Nachvollziehbarkeit von geringem Nutzen ist, gelte es, die darin liegende Verstehensleistung in einem rationalen Prozess Anderen zugänglich zu machen. Allerdings verfahre „jede Kunst nach Regeln", mit denen sich „Schwierigkeiten überwinden" lassen. Diese Regeln bildeten dann die „Kunstlehre" der Hermeneutik, mit der

Max Webers Auffassung von Verstehen und Erklären (Weber, 1980, S. 3 f.) – und wird zum anderen weder von Strauss noch von Glaser in die Nähe künstlerischer Einzigartigkeit gerückt. Vielmehr wird mit der Figur der ‚Kunstlehre' lediglich die Unabdingbarkeit der subjektiven Leistung in der Forschungsarbeit insgesamt (also nicht beschränkt auf das Verstehen) herausgestellt und zugleich die Möglichkeit einer methodischen Unterstützung und Rahmung kreativer Prozesse behauptet.

Als Konsequenz dieser Auffassung von Forschung als Arbeit verzichtet Strauss auf die Formulierung eines rigiden Regelwerks für das analytische Vorgehen und will die in der Grounded Theory entwickelten analytischen Verfahren lediglich als Vorschläge verstanden wissen, aus denen die Forscherinnen vor dem Hintergrund des jeweils konkreten Forschungskontexts eine sachangemessene und zugleich den „individuelle(n) Arbeitsrhythmus und die persönlichen Erfahrungen" (Strauss, 1991b, S. 33) berücksichtigende Forschungspraxis selbst entwickeln müssen.

Dieses auf den ersten Blick liberal wirkende Methodenverständnis darf allerdings nicht als Freibrief für ein ‚anything goes' in der qualitativen Datenanalyse der Grounded Theory missverstanden werden. So betont Strauss: „Unsere Leitlinien, nach denen eine Theorie entwickelt werden kann, sind jedoch nicht nur eine Aufzählung von Vorschlägen. Sie sind mehr als das, weil aus ihnen hervorgeht, daß bestimmte Operationen ausgeführt werden müssen" (1991b, S. 33). Er zählt zu diesen ‚Essentials' das Kodieren und das Schreiben analytischer Memos, ohne allerdings eine genauere Grenzziehung zwischen noch Grounded Theory-kompatiblen Verfahrensweisen und anderen, unter dieses Label nicht mehr akzeptablen methodischen Praktiken zu ziehen. Grundsätzlich sind damit Forschenden, die sich auf die Grounded Theory als Forschungsstil beziehen wollen, erhöhte Legitimationsanforderungen auferlegt: Anstatt nur glaubhaft machen zu müssen, dass nach den kodifizierten Regeln einer jeweiligen Methode verfahren wurde, ist im Fall der Grounded Theory immer auch zu argumentieren und nachzuweisen, inwieweit die eigene praktische Vorgehensweise mit der Forschungslogik der Grounded Theory im Einklang steht.[5] Doch dieser Punkt soll erst im sechsten Kapitel näher ausgeleuchtet werden.

---

sich auf wissenschaftlich-systematische Weise das leisten lasse, was andernfalls eine kreative Einzelleistung bliebe (Dilthey, 2004, S. 23 f.).

[5] Man kann mit Fug und Recht behaupten, dies gälte auch für andere Methoden, allerdings bleibt festzuhalten, dass im Fall der Grounded Theory die Ablehnung einer selbstlegitimierenden Funktion der ‚Befolgung' der Regeln des Verfahrens sehr explizit und zentral argumentiert wird.

2.2 Die Methode des ständigen Vergleichens

Vor dem Hintergrund dieser Theorieauffassung schlägt die Grounded Theory ein mehrstufiges Auswertungsverfahren des empirischen Materials vor, das Glaser und Strauss als „Kodieren" bezeichnen. Dabei wird keineswegs ausschließlich – wie häufig in anderen ‚qualitativen' Verfahren – qualitatives, sondern je nach Erforderlichkeit ebenso quantitatives Material akzeptiert und herangezogen, wenngleich ersteres aus einer Reihe naheliegender Gründe im Mittelpunkt des Interesses stehen. Die Leitidee des Kodierprozesses ist die Methode des ständigen Vergleichens („constant comparative method") der Daten miteinander. Dieses Verfahren knüpft implizit an die von Everett C. Hughes propagierte Kontrastierung divergierender Daten an, bei der mit Hilfe der systematischen Befragung der Daten auf Unterschiede und Ähnlichkeiten sowohl Spezifika einzelner Phänomene als auch mehrere Phänomene übergreifende Typologien erarbeitet werden. Das Verfahren der „constant comparative method" wurde erstmals von Glaser (1965) beschrieben; dieser Aufsatz wurde dann fast unverändert in „The Discovery ..." übernommen (1967, S. 101 ff.). Vielleicht ist das der Grund, weshalb dort jeder explizite Bezug auf Hughes fehlt – Glaser selbst ist mit der pragmatistisch-interaktionistischen Theorie- und Methodentradition jedenfalls nur wenig vertraut. Anders Elihu Gerson, der in einem Erweiterungsvorschlag für Vergleichstechniken in der Grounded Theory ausdrücklich auf Hughes' Verfahren der Extremvergleiche verweist (1991, S. 287, s. a. weiter unten).

Glaser und Strauss sehen in der Arbeit des kontinuierlichen Vergleichens die Quelle gegenstandsbezogener theoretischer Konzepte: „Dieses ständige Vergleichen von Vorkommnissen führt sehr bald zur Generierung von theoretischen Eigenschaften der Kategorie" (Glaser & Strauss, 1998). ‚Kategorie' steht hier für das theoretische Konzept, dessen strukturelle Eigenschaften sich erst aus der vergleichenden Analyse der durch dieses Konzept repräsentierten empirischen Phänomene ergeben (vgl. Fn 10). Für diesen analytischen Prozess schlägt die Grounded Theory eine Reihe von Mitteln und Verfahren vor, die allesamt das Ziel verfolgen, den Prozess stärker zu systematisieren und die intersubjektive Geltung der Ergebnisse zu verbessern. Insbesondere wird bei Strauss ein dreistufiger (bei Glaser ein zweistufiger, vgl. Glaser, 1978, S. 55 ff.) Kodierprozess, ein systematisches Dimensionalisieren der Konzepte (Strauss, 1991b, S. 41 ff.; Strauss &

Corbin, 1996, S. 50 ff.; Schatzman, 1991) und ein als „Kodierparadigma" bezeichnetes Set basaler generativer Fragen (Strauss, 1991b, S. 56 ff.; Corbin & Strauss,
2008, S. 89 f.) vorgeschlagen.[6]

2.3 Kodieren

In der qualitativen Datenanalyse besteht eine zentrale Aufgabe darin, einen interpretativen Zugang zu den gewonnenen Datenmaterialien zu schaffen. Daten wie
etwa Texte, Bilder, Filme, treten uns zunächst eher als ‚geschlossene Oberflächen'
entgegen, denen es einen Sinn erst noch abzugewinnen gilt. Glaser und Strauss
(1998, S. 107) wählen für diesen Vorgang die Bezeichnung „Kodieren" und unterscheiden dabei zwei grundlegende Alternativen: Zum Zweck der Überprüfung
einer Hypothese mag es möglich und angemessen sein, die Daten erst zu kodieren
und dann zu analysieren. Dieser Vorstellung entspricht z. B. das von Philipp Mayring vorgeschlagene Verfahren der qualitativen Inhaltsanalyse, das vorwiegend mit
jeweils schon existierenden Kategoriensystemen operiert (Mayring, 2010). Anders
aber liegt der Fall, wenn eine theoretische Rahmung noch nicht besteht und (in
Form von Konzepten, Eigenschaften, Zusammenhangsmodellen) im Forschungsprozess erst noch erarbeitet werden soll. In dem Fall kann Kodieren nicht aus dem
Subsumieren qualitativer Daten unter existierende Konzepte bestehen, eben weil
diese theoretischen Begriffe (in ihrer spezifischen Bedeutung für den untersuchten
Gegenstandsbereich) noch gar nicht vorliegen. Da die Grounded Theory auf den
letzteren Fall zielt, versteht sie Kodieren als den Prozess der Entwicklung von
Konzepten in Auseinandersetzung mit dem empirischen Material.

Glaser und Strauss legen allerdings besonderen Wert darauf, dass im Rahmen der Grounded Theory das Kodieren nicht einfach zu Gunsten der Analyse
aufgegeben, sondern als Schritt der Systematisierung und Kontrolle der Theoriegenese beibehalten und expliziert wird (1998, S. 108).[7] Statt also die Daten nur

---

[6] In dem Studienbrief der FernUniversität Hagen, in dem Strauss seine Version von Grounded
Theory erstmals als Alleinautor ausgearbeitet hat (Strauss, 1984), taucht der zweite Kodiermodus, das axiale Kodieren, noch nicht auf. Erst in der 1987 erschienen Fassung von *Qualitative
Analysis for Social Scientists* das Entwickeln von Zusammenhängen zwischen Konzepten als
axiales Kodieren vom offenen Kodieren abgehoben.

[7] Glaser wie auch Strauss sprechen in der Regel von „Analyse" und von „Kodieren", den
Begriff der Interpretation verwenden sie hingegen kaum und auf jeden Fall nicht systematisch. Das hat mitunter zu dem Missverständnis geführt, der Begriff der Interpretation sei
für eine tiefergehende, die subjektiven Perspektiven der Handelnden im Feld erst richtig zur
Geltung bringende Erschließung des empirischen Materials reserviert (Hitzler, 2016). Das ist
allerdings eine unfruchtbare Abgrenzung, denn selbstredend ist die Kodierarbeit der Grounded

zu inspizieren, um dann die in der Entwicklung befindliche Theorie fortzuschrei-
ben, insistiert die Grounded Theory darauf, das Material systematisch (wenngleich
nicht zwangsläufig vollständig) zu kodieren, allerdings mit Kodes auf der Basis
theoretischer Konzepte und Kategorien, die erst sukzessive aus der kontinuierlich
vergleichenden Analyse dieser Daten entwickelt werden müssen.

Strauss hat diesen noch gemeinsam mit Glaser entwickelten Grundgedan-
ken des ständigen Vergleichens als Analysemodus später zu einem dreistufigen
Kodierprozess ausgebaut, dessen einzelne Etappen weder als gegeneinander
distinkt, noch als in einer festen Sequenzialität aufeinander folgend zu verstehen
sind (vgl. Flick, 2007, S. 387). Insofern sprechen wir hier besser von drei unterschiedlichen Modi des Kodierens. Während der Modus des *offenen* Kodierens
dem ‚Aufbrechen‘ der Daten durch ein analytisches Herauspräparieren einzelner Phänomene und ihrer Eigenschaften dient, zielt das *axiale* Kodieren auf
das Erarbeiten eines phänomenbezogenen Zusammenhangsmodells, d. h. es werden qualifizierte Beziehungen zwischen Konzepten am Material erarbeitet und
im Wege kontinuierlichen Vergleichens geprüft. Abhängig von der sich entwickelnden Untersuchungsfrage und den Fortschritten beim offenen und axialen
Kodieren erweisen sich typischerweise ein oder zwei theoretische Konzepte als
zentral für die entstehende Theorie.[8] Das *selektive* Kodieren zielt daher auf die
Integration der bisher erarbeiteten theoretischen Konzepte in Bezug auf diese
wenigen „Kernkategorien“, d. h. es wird ein großer Teil des Materials re-kodiert,
um die Beziehungen der verschiedenen gegenstandsbezogenen Konzepte zu den
Kernkategorien zu klären und eine theoretische Schließung herbeizuführen.

Die Rede vom ‚Aufbrechen‘ des Materials als Funktion des offenen Kodierens
mag zunächst etwas martialisch kling, sie ergibt aber einen Sinn, wenn wir uns das
Bild jener ‚geschlossenen Oberflächen‘ vergegenwärtigen, als die uns unser Material zunächst entgegentritt. Wenn das Kodieren als Analyse nicht in die Gefahr
geraten soll ‚fremde‘ Konzepte oberflächlich an die Daten heranzutragen, diese
also nur als Illustrationen schon ‚gewusster‘ Konzepte zu benutzen, dann bedarf
es einer Analysetechnik, die uns der Spezifik der jeweiligen Daten näherbringt.
Glaser und Strauss waren an diesem Punkt zu Beginn noch recht vage. In *The
Discovery of Grounded Theory* führen sie zum Verfahren des ständigen Vergleichens im Wesentlichen nur „grundlegende definitorische Regeln“ ein: „Während

---

Theory immer auch ein Interpretationsprozess, in dem unterschiedliche (nicht ausschließlich
subjektive) Sinndimensionen erschlossen werden (Strübing, 2017).

[8] In der klassischen medizinsoziologischen Studie *Awareness of Dying* über den Umgang
mit Sterbenden im Krankenhaus war der „awareness context“ eine solche „Kernkategorie“
(Glaser & Strauss, 1974).

Sie ein Vorkommnis für eine Kategorie kodieren, vergleichen Sie es mit vorhergehenden Vorkommnissen in derselben wie auch in anderen Gruppen, die zu der gleichen Kategorie kodiert wurden" (1998, S. 112). Dieses Vergleichen der einzelnen Vorkommnisse zu einer Kategorie untereinander erlaubt es Gemeinsamkeiten festzustellen, die zu Merkmalen der Kategorie abstrahiert werden können, aber auch Unterschiede heraus zu finden, aus denen sich theorierelevante Unterscheidungen innerhalb der Kategorie, also so etwas wie ‚Subkategorien' entwickeln lassen.

Dieser Vorschlag kann aber nicht schlüssig erklären, wie wir zunächst einmal aus ersten Daten überhaupt zu einem vorläufigen theoretischen Konzept gelangen, das dann mit der beschriebenen Vergleichstechnik weiter verfeinert werden kann. Zwar ließe sich allgemein argumentieren, dass genau an dieser Stelle im Forschungsprozess abduktive Schlüsse und das kreative Potenzial der Interpretationsgemeinschaft zum Tragen kommen. Leonard Schatzman und später dann Strauss und Corbin haben allerdings eine Reihe von Heuristiken für das offene Kodieren entwickelt, die geeignet sind, die Konzeptentwicklung im offenen und axialen Kodieren noch genauer und systematischer zu bestimmen. Diese Heuristiken werde ich im nächsten Abschnitt unter dem Begriff der „Dimensionalisierung" behandeln. Strauss selbst hat in einem posthum publizierten Papier die intensive Auseinandersetzung mit dem Material im offenen Kodieren als „microscopic examination" bezeichnet (Strauss, 2004). Damit verweist er auf eine spezielle Heuristik des Befremdens: Indem wir dem Text so nahetreten, dass wir ihn, wie durch ein Mikroskop betrachtet, gar nicht mehr als ganzen wahrnehmen, sondern nur noch in kleinsten Teilen, wird uns der Text auf eine erkenntnisfördernde Weise fremd. Strauss (1991, S. 58) schlägt dazu vor, das Datenmaterial „Zeile für Zeile oder sogar Wort für Wort" zu analysieren. Statt also die komplette semantische Einheit eines Satzes oder Absatzes zu interpretieren, werden zunächst nur kleine Teile davon sehr detailliert untersucht: Was bedeutet es, dass die Befragte hier das Wort X verwendet, es wäre ja auch Y oder Z denkbar gewesen? Schon auf dieser Ebene wird also systematisch verglichen (verwendete Formulierungen vs. nicht verwendete, aber denkmögliche), um die Bedeutung der jeweiligen Äußerung einzukreisen. Zugleich werden Lesarten entwickelt, also Alternativen für die Bedeutung der jeweiligen Äußerung erarbeitet.[9] Die Zeile-für-Zeile Analyse ist sehr aufwendig, kann also kaum auf das komplette

---

[9] Die Zeile-für-Zeile-Analyse der Grounded Theory weist hier einige Ähnlichkeit zu sequenzanalytischen Verfahren insbesondere der Objektiven Hermeneutik oder auch der Konversationsanalyse auf.

Datenkorpus Anwendung finden. Das ist auch nicht das Ziel des Verfahrens. Vielmehr geht es gerade zu Beginn der Kodierarbeit oder bei der Untersuchung neu
hinzugekommenen Materials und insbesondere bei thematisch besonders spannen-
den und verdichteten Materialpassagen darum, sich das Material in theoretischer
Perspektive in seiner Spezifik verfügbar zu machen und erste Konzepte zu entwickeln: Was genau dokumentiert sich in den Aussagen des Gesprächspartners und
welche analytischen Anschlüsse werden dadurch nahegelegt?

Während das offene Kodieren eher einen breiten und noch wenig geordneten
Zugang zum Datenmaterial schafft und eine Vielzahl untereinander unverbun-
dener Konzepte und Kategorien erarbeitet, zielt das „axiale Kodieren" (Strauss,
1991b, S. 63) auf mögliche Zusammenhänge zwischen einer jeweiligen Kategorie und verschiedenen anderen Konzepten und Kategorien.[10] Dabei werden hier
noch stärker als im offenen Kodieren Relevanzentscheidungen getroffen: Nicht
alle im Material identifizierten Phänomene werden systematisch vergleichend auf
ihre Ursachen, Umstände und Konsequenzen befragt, sondern nur diejenigen, von
denen – nach dem vorläufigem Stand der Analyse – angenommen werden kann,
dass sie für die Klärung der Forschungsfrage relevant sind oder sein könnten.
Damit wird implizit eine Reihe zunächst sehr vager Hypothesen entwickelt, die
im weiteren Gang der Analyse überprüft werden: Durch die Entscheidung Phänomen A näher zu untersuchen und axial zu kodieren, nehmen wir an, dass dieses
Phänomen für unser theoretisches Modell von Bedeutung sein wird.

Diejenigen dieser Hypothesen, die sich als besonders fruchtbar erweisen, mün-
den im Ergebnis in einigen wenigen zentralen Konzepten, die Strauss (1991b,
S. 63) bzw. Strauss und Corbin (1996, S. 94) als „Schlüssel-" oder „Kernkategorien" („core categories") bezeichnen. Ihre Bedeutung für die Gesamtfragestellung
wird im „selektiven Kodieren" dadurch überprüft, dass ihre Bezüge zu anderen nachgeordneten Kategorien und Subkategorien nun systematisch ausgearbeitet

---

[10] Der anscheinend synonyme Gebrauch der Begriffe ‚Konzept' und ‚Kategorie' in vielen Texten zur Grounded Theory gibt mitunter Anlass zu Missverständnissen. Corbin und Strauss
haben dabei eine dezidierte Differenz im Sinn: „Konzepte die sich als dem gleichen Phänomen zugehörig erweisen, werden so gruppiert, dass sie Kategorien bilden. Nicht alle Konzepte
werden Kategorien. Letztere sind hochrangigere, abstraktere Konzepte als die, die sie repräsentieren" (Corbin & Strauss, 1990, S. 420). Man kann das aber ebenso gut als ein Verhältnis
von Konzept und Sub-Konzepten auffassen: Es geht um eine hierarchische Relationierung
von Speziellen zum Allgemeineren.

werden.[11] Die analytische Frage dieses Arbeitsschritts lautet also: Steht die Kategorie X in einem Verhältnis zur angenommenen Schlüsselkategorie A und, wenn ja, in was für einem Verhältnis?

Dieser Arbeitsschritt impliziert eine Überarbeitung der bisherigen Kodierungen – und wirft damit die Frage nach deren ‚Gültigkeit' auf: Wenn Kodes und definitive Beziehungen zwischen Kodes (bzw. den dahinter stehenden Konzepten) im Verlauf des selektiven Kodierens revidiert werden, waren dann die ursprünglichen Kodierungen ‚falsch' oder ‚ungültig'? Die Antwort lautet in der Regel: weder noch. Denn was mit dem selektiven Kodieren an Kodierungen verändert wird, ist nicht eine Korrektur im Sinne der Verbesserung fehlerhafter Kodierungen, sondern eine Neujustierung der analytischen Perspektive: Was bislang in Bezug auf eine Reihe unterschiedlicher, im Projektverlauf immer wieder modifizierter, tentativer Sichtweisen kodiert wurde, soll im selektiven Kodieren nun insgesamt auf eine einheitliche Analyseperspektive hin überarbeitet werden. Das Ergebnis ist weder in einem höheren Maße richtig, noch kommt ihm eine erhöhte Gültigkeit zu. Am Ende des selektiven Kodierens sollte aber die Analyse im Hinblick auf die Forschungsfrage ein höheres Maß an Konsistenz aufweisen als nach dem axialen Kodieren.

Weshalb sowohl Glaser (1978, S. 61) als auch Strauss und Corbin (1996, S. 99) zu einer größtmöglichen Beschränkung der Zahl der Kernkategorien raten, erschließt sich auch vom Ziel der Einheitlichkeit der Analyseperspektive und damit der Eindeutigkeit der sukzessiven Entwicklung der Forschungsfrage her: Auf eine präzise gestellte Untersuchungsfrage wird meist ein einziges zentrales Konzept die wesentliche Antwort liefern können. Genau dies ist das Ziel. In dem Moment, in dem sich mehrere Kernkategorien anzubieten scheinen, zeigt eine genauere Betrachtung oft, dass jedes dieser Konzepte auf eine jeweils etwas variierte Untersuchungsfrage antwortet.[12]

---

[11] Selektives Kodieren definieren Strauss und Corbin als „Prozeß des Auswählens der Kernkategorie, des systematischen In-Beziehung-Setzens der Kernkategorie mit anderen Kategorien, der Validierung dieser Beziehungen und des Auffüllens von Kategorien, die einer weiteren Verfeinerung und Entwicklung bedürfen" (Strauss & Corbin, 1996, S. 94).

[12] Kritische Stimmen, etwa von Kathy Charmaz oder Adele Clarke machen allerdings darauf aufmerksam, dass die auf die Erarbeitung einer Kernkategorien zielende Analyseorientierung der Grounded Theory vor allem eine kausal-erklärende und damit komplexitätsreduzierende ist während neuere Entwicklungen alternativ dazu die Erarbeitung der Multiperspektivität komplexer Situationen und ihrer Praktiken in den Mittelpunkt rücken (vgl. Kap. 7).

2.4   Dimensionalisieren

Gerade die Kodierarbeit – und hier insbesondere das offene Kodieren – macht den Kern dessen aus, was Strauss für die Grounded Theory von einer ‚Kunst-lehre‘ sprechen lässt. Man muss sich in die Daten ‚einfühlen‘, Erfahrung und Intuition einbringen; unterschiedliche Interpreten werden zwangsläufig zu diver-gierenden Sichtweisen gelangen – alles Vorstellungen, die auf den ersten Blick mit dem landläufigen Verständnis von Wissenschaftlichkeit nicht viel zu tun zu haben scheinen und die im Zentrum jenes Argwohns stehen, mit dem etwa Ver-treter des Kritischen Rationalismus hermeneutische oder interpretative Verfahren beäugen (in sehr überzogener Form z. B. Holweg, 2005).

Auch wenn die Grounded Theory eine andere Auffassung von Wissenschaft, Theorie und Wirklichkeit vertritt als nomologisch-deduktive Ansätze, bedarf es auch hier unterstützender Verfahren, um die für die Generierung neuen wis-senschaftlichen Wissens unverzichtbare interpretative Auseinandersetzung der Forschenden mit ihren Daten zu systematisieren. Für die drei Kodiermodi bietet die Grounded Theory unterschiedliche Verfahren der systematischen und theorie-generativen Befragung von Daten. Für das offene Kodieren ist das vor allem jene ausdifferenzierte Heuristik des Vergleichens, bei der durch kontrastive Verfahren versucht wird, alle Facetten eines jeweiligen Phänomens detailliert und vollstän-dig herauszuarbeiten und in die theoretische Kategorie einfließen zu lassen, es – wie es in der Grounded Theory genannt wird – zu ‚dimensionalisieren‘.

Dies geschieht etwa mit „weithergeholten Vergleichen" (Strauss & Corbin, 1996, S. 69 f.), bei denen die fraglichen Phänomene mit auf den ersten Blick weit entfernt liegenden Phänomenen konfrontiert und auf Ähnlichkeiten und Unterschiede befragt werden. Strauss und Corbin knüpfen hier an die Feld-forschungstechniken von E. C. Hughes (Hughes, 1971) an, dessen bevorzugte Illustration des Verfahrens in der Frage „How is a priest like a prostitute?" gipfelte (vgl. Gerson, 1991, S. 287).[13] Ian Dey (1999) kritisiert zwar Gla-sers ursprüngliche Heuristik des Klassifizierens nach Ähnlichkeit/Unähnlichkeit als zu eingeschränkt, vergisst aber zu bemerken, dass spätere Arbeiten in der Strauss-Linie hier deutlich ausgefeiltere Heuristiken entwickelt haben. Neben Elihu Gerson (1991), der eine Klassifikation relevanter Vergleichsheuristiken ent-wickelt hat, ist hier vor allem Leonard Schatzman (1991) zu nennen, der dieses

---

[13] Der zunächst abwegig erscheinende Vergleich erbringt neben offenkundigen Unterschieden in der Tat einige erstaunliche Parallelen: Beide erbringen eine öffentliche Dienstleistung, für beide ist Verschwiegenheit ein zentraler Bestandteil ihres Berufsethos und in beider Praxis sind Formen seelsorgerischer Gespräche mit ihren Klienten zentral.

Verfahren als „dimensional analysis" bezeichnet und dabei den Aspekt der Multi-perspektivität der Daten und ihrer Interpretation explizit einführt, der bei Strauss überwiegend implizit mitgeführt wird.

Schatzman, ein langjähriger Lehr- und Forschungskollege von Strauss in San Francisco (Schatzman & Strauss, 1973), hat die dimensionale Analyse bereits Anfang der 1970er Jahre als Konsequenz seiner Erfahrungen mit Lehrveranstal-tungen zur Grounded Theory entwickelt, jedoch erst anlässlich der Festschrift für Strauss 1991 publiziert. In Lehrveranstaltungen war ihm aufgefallen, dass Studie-rende, die Grounded Theory bei Strauss studiert hatten, sich schwer damit taten, eine konsistente Form des offenen Kodierens zu entwickeln. Schatzman führte das darauf zurück, dass Strauss in seiner Kodierarbeit implizit Entscheidungen über analytische Perspektiven vornahm und zwischen diesen Perspektiven ebenso unausgesprochen hin und her wechselte:

> Ich stellte fest, dass das, was inkonsistent erschien, nicht eine Eigenschaft von Strauss' logischem Denken war, sondern der Art, wie er Perspektiven auf die Daten entwickelte. Indem er einzelne Kodes unterschiedlichen Perspektiven zuordnete, veränderte er auch ihre Bedeutung und machte so ihre unterschiedliche Verortung in einer hinterliegenden Matrix der betreffenden Begriffe erforderlich (Schatzman, 1991, S. 308).

Die dimensionale Analyse stellt den Versuch dar, diese impliziten Entscheidungen explizit zu machen und zu systematisieren. Für Schatzman ist sie ein funktio-nales Äquivalent zum offenen, nicht zum axialen Kodieren, er betont aber die Besonderheit der analytischen Vorgehensweise:

> Wenngleich funktional äquivalent zum offenen Kodieren, unterscheidet sich doch diese Vorgehensweise vor allem durch das Erfordernis, alle Kodes als Erfahrungsdimen-sionen anzulegen, ohne zunächst zu berücksichtigen, ob sie als Strukturen oder als Prozesse, als Kontext oder als Bedingung ‚erscheinen'. Beim Dimensionalisieren ver-sucht der Analyst Erfahrungen zu identifizieren, die auf die methodische Frage (und Perspektive) antworten, was hier alles involviert ist. Diese Frage ist von zentraler Bedeutung, denn die ‚frühere Analyse' wird als mit der Identifizierung und Verortung, nicht aber mit der Bedeutung von Dingen befasst gesehen. ‚Späte Analysen' sind dann integrativ und kenntnisreich genug um den Konzepten Bedeutungen zuzuschreiben (Schatzman, 1991, S. 310).

Dimensionalisierung zielt also, wie von Strauss für das offene Kodieren gefor-dert, auf die Erzeugung analytischer Vielfalt und nicht auf Reduktion durch Integration. Diese Vielfalt der möglichen Sichtweisen wird im Prozess der Dimen-sionalisierung abstrahiert, indem sie in theoretische Begriffe gefasst wird: „… ‚Dimensionalisierung' – ein zentraler analytischer Prozess für die Abstraktion der

Vielfalt von Aspekten, die als Bestandteil der fraglichen Komplexität aufgefasst werden" (Schatzman, 1991, S. 310).

Ähnlich wie Fritz Schütze in seiner methodischen Integration der „Zugzwänge des Erzählens" im Rahmen der Narrationsanalyse geht Schatzman davon aus, dass wir schon in der Alltagskommunikation immer dann, wenn wir auf Probleme stoßen, also das aktuelle Phänomen weder spontan wiedererkennen noch erinnern, alles Gehörte oder Wahrgenommene einer Art von Plausibilitätsprüfung unterziehen und dabei eine Reihe von Dimensionen als Prüfkriterien heranziehen: Ist die Geschichte in Bezug auf Ursachen, Konsequenzen Handlungsverläufe und Kontext plausibel (Schatzman, 1991, S. 308 f.)? Genau das sind auch die Fragen, die man laut Narrationsanalyse als Zuhörer in narrativen Situationen an die Geschichten herantragen soll, und von deren Relevanz auch die Erzählpersonen bei der Komposition ihrer Geschichte in der Regel geleitet sind – worin dann für die Analyse narrativer Interviews der entscheidende Ansatzpunkt liegt (vgl. zur Narrationsanalyse Schütze, 1984).

Dimensionale Analysen bei Schatzman bestehen im Kern darin, tentativ die Perspektive von Akteuren zu übernehmen und deren Handlungsalternativen auszubuchstabieren.[14] Die Erwägungen der Forschenden im Analyseprozess betrachtet er als „Erfahrungsdimensionen", die das Repertoire der Handelnden für die Konstruktion der jeweiligen Situation abbilden, denn:

> Man kann nicht eine problematische Situation definieren, ohne zumindest zu beginnen sie zu konstruieren, denn die Natur liefert nicht so etwas wie ‚Situationen'. Das Hervorzaubern (...), Zusammensetzen und Konfigurieren oder zu Mustern ordnen der Komponenten der Situation *ist*, dimensional betrachtet, Analyse (Schatzman, 1991, S. 307).

Hier gibt es ersichtlich einige Ähnlichkeiten zur Konstruktion von „Lesarten" in der Objektiven Hermeneutik (vgl. Wernet, 2001), allerdings unter anderen epistemologischen und sozialtheoretischen Rahmenannahmen, denn Schatzman bezieht sich auf ein pragmatistisches Situationsmodell, das Struktur weniger deterministisch versteht als etwa Oevermann und sich eher an das Thomas-Theorem der Situationsdefinition anlehnt (Thomas & Thomas, 1928, S. 572).

In einem Punkt ist der Vorschlag von Schatzman allerdings nicht ganz konsistent und steht in auffälligem Kontrast zu seinem eigenen Vorsatz: Als Mittel

---

[14] Dimensionale Analyse im Sinne der Grounded Theory sollte jedoch nicht mit der von Kromrey et al. (2016, S. 119 ff.) detailliert dargelegten dimensionalen Analyse im Rahmen von Nominaldefinitionen bei der Operationalisierung von Forschungsfragen in hypothetiko-deduktiv orientierter Forschung verwechselt werden.

zur analytischen Erarbeitung unterschiedlicher denkmöglicher Perspektiven entwickelt er ein „Matrix" genanntes Schema, das nicht mehr auf offenes Kodieren
zielt, sondern bereits deutlich Züge eines integrativ orientierten Analyseverfahrens
trägt. Das Problem entsteht mit dem Anspruch, für die jeweilige Perspektive ein „Erklärungsparadigma"[15] zu entwickeln. Dazu sollen jeweils Kontext,
Bedingungen, Handlungen und Prozesse sowie deren Konsequenzen aus dem
Material erarbeitet werden. Gerade dieses Verfahren werden wir im nächsten
Abschnitt als Kern des axialen Kodierens und das dabei verwendete allgemeine
Interaktionsmodell als Kodierparadigma kennen lernen.[16]

Strauss und Corbin haben den Begriff der Dimensionalisierung in etwas modifizierter Form in den Forschungsstil der Grounded Theory eingeführt. Bei ihnen
sind Dimensionen „Anordnungen von Eigenschaften auf einem Kontinuum" und
Dimensionalisieren ist für sie „der Prozeß des Aufbrechens einer Eigenschaft in
ihre Dimensionen" (Strauss & Corbin, 1996, S. 43). Das dimensionale Kontinuum
kann man sich als einen bipolaren Möglichkeitsraum vorstellen, innerhalb dessen
eine Eigenschaft einer Kategorie eine konkrete empirische Ausprägung annehmen
kann: Die Kategorie ‚Beziehungskonflikt' etwa hat unter anderem die Eigenschaft ‚Offenheit', das heißt ein Beziehungskonflikt kann mehr oder weniger offen
prozessieren und dieses Ausmaß kann über den Prozess hinweg variieren. Empirische Fälle von Beziehungskonflikten lassen sich also immer an einer bestimmten
Position innerhalb des „dimensionalen Kontinuums" der abstrakten Eigenschaft
(„Offenheit") verorten (vgl. Abb. 2.2).

Die allgemeinen Eigenschaften einer Kategorie zu kennen, ist laut Strauss und
Corbin bedeutsam, „weil diese ... die gesamte Reichweite der Dimensionen ver-
mitteln, über die eine Kategorie variieren kann" (Strauss & Corbin, 1996, S. 51).
Mit anderen Worten: Um feststellen zu können, was sowohl das Spezifische des
Vorkommens eines Phänomens in einem bestimmten Fall ausmacht, aber auch
was die verbindende Gemeinsamkeit verschiedener Phänomene ist, die wir als in

---

[15] In der amerikanischen Wissenschaftssprache ist man mit dem Paradigma-Begriff mitunter etwas schnell bei der Hand; was Schatzman hier meint würden wir wohl eher etwas
vorsichtiger als „Erklärungsansatz" bezeichnen.

[16] Die recht klare Unterscheidung in einen „offenes Kodieren" genannten und auf die Maximierung von Perspektiven gerichteten Analysemodus einerseits und einen auf ursächliches
Erklären und auf die Rekonstruktion von Zusammenhängen gerichteten „axialen" Modus hat
sich in der Grounded Theory erst sukzessive etabliert (s.a. Fn 6). Strauss führt zwar in seinem
Lehrbuch ab 1987 das „Kodierparadigma" ein (Strauss, 1991b, S. 56 ff.), lässt allerdings noch
weitgehend offen, in welcher Kodierphase es Verwendung finden soll. Erst in der sehr didak-
tischen und mitunter etwas schematisch wirkenden Lehrbuchversion von Strauss und Corbin
(1996, S. 75 ff.) wird das Kodierparadigma eindeutig dem axialen Kodiermodus zugeordnet.

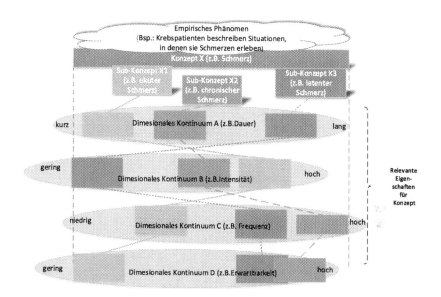

Abb. 2.2 Dimensionalisieren am Beispiel der Kategorie „Schmerz"

einer bestimmten Perspektive gleichartig in einer Kategorie zusammenfassen wollen, müssen wir die Variationsmöglichkeiten der relevanten Eigenschaften kennen bzw. uns analytisch erarbeiten: „Jedes Auftreten einer Kategorie besitzt danach ein einzigartiges *dimensionales Profil*. Mehrere dieser Profile können zu einem *Muster* gruppiert werden. Das dimensionale Profil repräsentiert die *spezifischen Eigenschaften* eines Phänomens unter einem gegebenen Satz von Bedingungen." (Strauss & Corbin, 1996, S. 51).

Im Arbeitsschritt des Dimensionalisierens wird also die Spezifik eines einzelnen Vorkommnisses in den Daten als Summe von ‚Merkmalsausprägungen' beschrieben, die im Wege systematischen Vergleichens gewonnen wurden – mit „weithergeholten", theoretischen oder imaginierten Vergleichsfällen, aber sehr wesentlich auch mit anderen Vorkommnissen in den Daten. Diese Variante kontinuierlichen Vergleichens verbindet verschiedene Konzepte zu Kategorien, indem Konzepte unter Betonung derjenigen ihrer Merkmale oder Dimensionen zusammengefasst werden, die sie miteinander teilen und die für die Kategorie wesentlich zu sein versprechen. Darin liegt also der Kern eines Verfahrens der Typenbildung.

Eigenschaften der untersuchten Phänomene, die im Wege des Vergleichs zu Tage gefördert werden, verweisen gleichermaßen zurück in die schon vorliegenden Daten *und* geben Anlass zur Erhebung ausgewählter zusätzlicher Daten im Wege des theoretischen Sampling. Dies ist ein zentraler Modus der Verknüpfung von Erhebung, Analyse und Theoriebildung und bei sorgsamer Durchführung zugleich ein Garant für theoretisch dichte und in sich hinreichend differenzierte Konzepte.

2.5   Kodierparadigma

Das Kodierparadigma ist kein Teil des originären Entwurfs des Verfahrens in *The Discovery of Grounded Theory*. Es wurde von Strauss erst in seiner 1987 (dt. 1991) als *Qualitative Analysis for Social Scientists* publizierten Weiterentwicklung der Grounded Theory eingeführt. Bei der Analyse der Zusammenhänge zwischen Konzepten sollen dem Vorschlag zufolge Fragen nach 1) Ursachen der zu untersuchenden 2) Phänomene, deren 3) Kontext, relevanten 4) intervenierenden Bedingungen, phänomenbezogenen 5) Handlungen und Strategien sowie deren 6) Konsequenzen in theoriegenerativer Absicht an das Material herangetragen werden, um damit die zuvor isoliert betrachteten Phänomene in einen Strukturzusammenhang zu bringen (vgl. Strauss, 1991b, S. 56 f.; Strauss & Corbin, 1996, S. 78 ff.).[17]

Die Art der Fragen (s. Abb. 2.3) erinnert ein wenig an die ‚6W's des Journalismus', jene sechs (mitunter ist auch nur die Rede von fünf) mit ‚W' beginnenden Fragen, die jede Journalistin in ihrem Bericht stellen (und beantworten) sollte: Wer? Was? Wo? Wann? Wie? Warum? Zugleich sind die Fragen des Kodierparadigmas im Wesentlichen nur die systematische Formulierung all jener Fragen, mit denen wir im Alltag den Sinn von Ereignissen zu erschließen versuchen, indem wir nach Zusammenhängen suchen – auch hier zeigt sich, wie stark

---

[17] Die Fassung des Kodierparadigma bei Strauss & Corbin unterscheidet sich leicht von der originären Fassung im Lehrbuch von Strauss. Spricht letzterer zunächst nur von „den Bedingungen, der Interaktion zwischen den Akteuren, den Strategien und Taktiken, den Konsequenzen" (1991, S. 57), so präzisieren Strauss und Corbin wenige Jahre später die Liste und sprechen von „ursächlichen Bedingungen", „Phänomen", „Intervenierenden Bedingungen", „Handlungs- und interaktionale(n) Strategien" sowie „Konsequenzen" (1996, S. 78). Erste Vorläufer eines Kodierparadigmas finden sich im Übrigen bereits im *Discovery*-Buch von Glaser und Strauss (1967, S. 104), wo von „Bedingungen, Konsequenzen, Dimensionen, Typen, Prozessen" die Rede ist, die analytisch herausgearbeitet werden sollen.

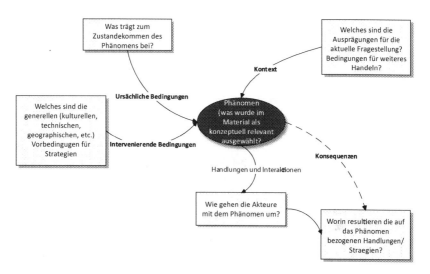

Abb. 2.3 Kodierparadigma nach Strauss

die Grounded Theory an Alltagsheuristiken anknüpft und deren Bedeutung für wissenschaftliches Handeln unter Beweis stellt.

Das Kodierparadigma ist (zumindest seit Strauss & Corbin; vgl. Fn16) ein Vorschlag zur Anleitung und Systematisierung gerade des axialen Kodierens, bei dem ‚um die Achse' einer Kategorie bzw. eines Konzeptes herum kodiert werden soll. Dieses Konzept ist die theoretische Fassung dessen, was im Kodierparadigma als „Phänomen" bezeichnet wird: Ein von uns begrifflich gefasstes – und insofern theoretisiertes – Vorkommnis in den Daten, dessen Kontext es in diesem Analyseschritt aufzuarbeiten gilt. Mitunter entsteht gerade bei Neulingen in der Arbeit mit dem Kodierparadigma einige Unsicherheit über die Reichweite der anzustrebenden konzeptuellen Einbindung des jeweiligen Phänomens – und dementsprechend über die Frage, was als Phänomen gelten kann. Hier ist vor allem im Unterschied zum selektiven Kodieren wichtig, dass das axiale Kodieren sich explizit einzelnen empirischen Vorkommnissen sowie deren Variationen und Abstraktionen zuwendet. Es geht nicht um die Beantwortung der umfassenden Forschungsfrage, sondern um die Erklärung des Zustandekommens und der Konsequenzen eines bestimmten Ereignisses bzw. eines bestimmten Typs von Ereignissen.

Man kann sich axiale Kodierungen wie ‚Schnitte' durch das Material vorstellen: Es wird nur die ‚dünne Schicht' der Zusammenhänge rund um eines von

einer ganzen Reihe von Phänomenen herausgearbeitet, die zunächst als solche
verstanden und erklärt sein müssen, bevor wir eine umfassendere Theorie des
untersuchten Feldes erarbeiten können. Andererseits sind viele der zunächst ein-
zeln betrachteten Phänomene in vielfältiger Weise miteinander verbunden und
in die am Kodierparadigma orientierten Zusammenhangsmodelle in unterschiedlichen Konstellationen integriert – je nachdem, auf welchem Phänomen aktuell
der analytische Fokus liegt. So kann was im einem Zusammenhangsmodell eine
Handlung in Bezug auf das interessierende Phänomen ist, in einem auf ein anderes Phänomen fokussierenden Modell etwa als ursächliche Bedingung oder als
Kontext relevant sein – oder auch ganz außer Betracht bleiben.

Die im Kodierparadigma angelegten Zuschreibungen sind also *relationale*
Eigenschaften, die nicht der einen oder der anderen Entität, sondern nur dem
Zusammenhang zwischen ihnen zuzuschreiben ist: Für die Schmerzsymptomatik
eines Patienten mögen die handwerklichen Mängel eines jungen, unerfahrenen
Assistenzarztes beim Nageln eines komplexen Knochenbruchs kausal sein, während sie in Bezug auf die Analyse der Beziehung zwischen der Chefärztin
und ihren Assistenten eine der resultierenden Konsequenzen sein mag (etwa
wenn die Vorgesetzte als Ausbilderin ihren Mitarbeitern zu wenig Anleitung und
Praxiserfahrung angediehen lässt).

Ein häufiges Problem bei der Handhabung des Kodierparadigmas stellt die
Unterscheidung in „Kontext" und „intervenierende Bedingungen" dar. Häufig
besteht die Neigung der Interpretinnen darin, alles was nicht „Phänomen",
„Ursache", „Strategie" oder „Konsequenz" ist, als „Kontext" des Phänomens aufzufassen, Kontext also ähnlich einer Residualkategorie zu gebrauchen. In einem
eher alltagssprachlichen Sinn ist das gewiss nicht falsch, für die Zwecke einer
wissenschaftlichen Analyse jedoch zu ungenau. Abgesehen davon, dass für analytische Zwecke unter Kontext nur fallen sollte, was nachweislich zum Verständnis
des Phänomens in der konkreten Ausprägung relevant ist, führen Strauss und Corbin noch eine weitere Differenzierung ein, die in Bezug auf die Theoriebildung
nützlich ist. Als „Kontext" verstehen sie

> die spezifische Reihe von Eigenschaften, die zu einem Phänomen gehören; d. h. die
> Lage der Ereignisse oder Vorfälle in einem dimensionalen Bereich, die sich auf ein
> Phänomen beziehen. Der Kontext stellt den besonderen Satz von Bedingungen dar,
> in dem die Handlungs- und interaktionalen Strategien stattfinden (Strauss & Corbin,
> 1996, S. 75).

Hier finden die Ergebnisse der dimensionalen Analyse zu einem jeweiligen Phänomen ihren Platz: etwa die spezifische Ausprägung der Schmerzsymptomatik

eines Patienten (z. B. heftig pochend, in unregelmäßigen Intervallen wiederkeh-
rend etc.). Unter „intervenierenden Bedingungen" verstehen Strauss und Corbin
hingegen eher den weiteren, strukturellen und nicht notwendig fallspezifischen
Kontext. Sie fassen dies als

> Die strukturellen Bedingungen, die auf die Handlungs- und interaktionalen Strate-
> gien einwirken, die sich auf ein bestimmtes Phänomen beziehen. Sie erleichtern oder
> hemmen die verwendeten Strategien innerhalb eines spezifischen Kontexts (Strauss &
> Corbin, 1996, S. 75).

Schon an den Formulierungen dieser beiden Definitionen lässt sich ersehen,
dass die Unterscheidung eher graduell als kategorial zu verstehen ist: Auch
die verschiedenen Aspekte des Kontextes „erleichtern oder hemmen" die Hand-
lungsstrategien der Akteure, und die komplette Konstellation struktureller Bedingungen, die im Einzelfall eines Phänomens zum Tragen kommen, stellt in
gewisser Hinsicht ebenfalls eine „spezifische" Eigenschaft des Phänomens dar.
Für die Theoriebildung ist es wichtig den Unterschied zwischen konkreten,
eher situationsgebundenen Eigenschaften des Phänomens und allgemeinen, eher
sozialstrukturellen, ökonomischen etc. Zusammenhängen im Blick zu behalten,
um das Verhältnis von Fallspezifik und verallgemeinerbaren Strukturmerkmalen
angemessen konzipieren zu können.[18]

Nicht gemeint ist mit „strukturellen", intervenierenden Bedingungen jedoch,
dass diese etwa deterministisch in die situative Handlungsfähigkeit der Akteure
hineinragen. Die pragmatistisch-interaktionistische Theorietradition, aus der die
Grounded Theory hervorgegangen ist, würde hier allemal eher das Bild einer
situativ gebundenen Rekonstruktion von Strukturzusammenhängen in der handelnden Auseinandersetzung mit den sozialen und materiellen Gegebenheiten der
Situation wählen. ,Intervenierend' sind strukturelle Bedingungen insofern, als die
Handelnden in ihrem Handeln auf sie treffen und mit ihnen umgehen müssen:
Selbst ein Nichtbeachten hätte in jedem Fall Konsequenzen.

Strauss und Corbin (1996, S. 132 ff. und Corbin & Strauss, 2008, S. 90 ff.)
haben die im Kodierparadigma nur allgemein adressierten intervenierenden

---

[18] Im Rahmen der in Kap. 7 vorgestellten Weiterentwicklung der Grounded Theory zur
„Situationsanalyse" wird die analytische Trennung der Situation vom Kontext bzw. von intervenierenden Bedingungen nachdrücklich als unangemessen kritisiert und argumentiert, dass
sowohl Kontext als auch intervenierende Bedingungen für die analytische Erfassung von
Situationen nur relevant sein können, wenn sie in der Situation handelnd adressiert werden. Sie seien insofern – pragmatistisch argumentiert –Teil der Situation und nicht Instanzen
außerhalb der Situation.

Bedingungen in einer „conditional matrix" weiter ausdifferenziert. Bei diesem Schema aus konzentrischen Ringen (Abb. 2.4), auf denen unterschiedliche Strukturebenen von Sozialität abgetragen sind, zeigt sich der kontinuierliche Übergang von interaktionalen Face-to-Face-Situationen zu meso- und makrosozialen Strukturmomenten und zurück. Damit soll verdeutlicht werden, dass die zu analysierenden Phänomene nicht nur von intervenierenden Bedingungen auf verschiedenen Ebenen gerahmt werden, sondern ihrerseits zur Reproduktion eben dieser Bedingungen ihren Beitrag leisten.

Abb. 2.4 Conditional Matrix (aus Corbin & Strauss, 2008, S. 94)

2.6   Theoretisches Sampling

Das iterativ-zyklische Prozessmodell der Grounded Theory mit seinem engen zeit-
lichen Ineinandergreifen von Materialgewinnung, -analyse und Theoriebildung
bleibt nicht ohne Folgen für die Gestaltung der Auswahlverfahren für Fälle und
Daten: Die Auswahl der zu erhebenden und zu analysierenden Daten kann bei dieser Vorgehensweise nicht nach einem Auswahlplan organisiert werden, der vorab
festgelegt und von gegenstandsunspezifischen (z. B. methodologischen) Regeln
bestimmt wurde, sondern muss auf Basis der analytischen Fragen erfolgen, die
der bisherige Stand der Theoriebildung am konkreten Projekt aufwirft. Strauss
und Glaser bezeichnen diese Art von Auswahlverfahren im Rahmen der *Grounded
Theory* als „Theoretical Sampling" und definieren dies folgendermaßen:

> Theoretisches Sampling meint den auf die Generierung von Theorie zielenden Prozeß
> der Datenerhebung, währenddessen der Forscher seine Daten parallel erhebt, kodiert
> und analysiert sowie darüber entscheidet, welche Daten als nächste erhoben werden
> sollen und wo sie zu finden sind. Dieser Prozeß der Datenerhebung wird durch die im
> Entstehen begriffene – materiale oder formale – Theorie kontrolliert (Glaser & Strauss,
> 1998, S. 53).

Praktisch stellt sich das theoretische Sampling als eine Kette aufeinander auf-
bauender Auswahlentscheidungen entlang des Forschungsprozesses dar, wobei
die Auswahlkriterien im Verlauf des Projektes zunehmend spezifischer und ein-
deutiger werden (Morse, 2007; Strübing, 2013, S. 116 ff.). Da eine eigene
empirisch begründete Theorie über den Untersuchungsgegenstand zu Beginn eines
Projektes noch nicht vorliegt, erfolgt die Auswahl eines oder weniger erster
Fälle auf der Basis theoretischer und praktischer Vorkenntnisse, die hier jedoch
– im Unterschied zum „theoretischen Rahmen" in nonomologisch-deduktiven
Forschungsstrategien – als *„sensibilisierende Konzepte"* (vgl. Blumer, 1954)
zum Tragen kommen. Als solche haben sie die Funktion, tentativ Fragen und
Untersuchungsperspektiven zu generieren und dienen folglich nicht der Ableitung von Hypothesen. Daran anschließende Auswahlentscheidungen werden dann
auf der Basis jener gegenstandsbezogenen theoretischen Konzepte getroffen, die
sich aus der Analyse der ersten Falldaten ergeben.[19] Praktisches Mittel dazu

---

[19] Hier zeigt sich eine Parallele zur „analytischen Induktion", wie sie Florian Zaniecki schon
in den 1930er Jahren geprägt hat. Auch er hatte bereits auf den Vorrang der Abstraktion
vor der Generalisierung hingewiesen. In seinem Bemühen, die analytische Induktion von der
enumerativen oder statistischen Induktion positiv abzusetzen, diskreditiert er allerdings die
heuristische Leistung des Fallvergleichs ganz unnötig (Znaniecki, 2004, S. 254 f.). Diesen
methodenhistorischen Irrtum korrigieren Glaser und Strauss mit der Grounded Theory.

sind insbesondere sogenannte *„generative Fragen"*, die im Verlauf der Analyse herausgearbeitet werden. Das neu hinzugezogene Material wird dabei mit dem Ziel ausgesucht, im Wege ständigen Vergleichens sowohl neue Eigenschaften und Dimensionen der vorliegenden Konzepte herauszuarbeiten als auch weitere Konzepte zu entwickeln. Die erarbeitete Theorie, die dadurch sukzessive differenzierter und reichhaltiger wird, kontrolliert insofern den weiteren Sampling-Prozess, als jede Auswahlentscheidung aus den Postulaten dieser Theorie abzuleiten ist. Dabei kommen den einzelnen Sampling-Schritten je nach Stand der analytischen Arbeit unterschiedliche Funktionen zu.

In Phasen des *offenen Kodierens* zielt das theoretische Sampling auf Material, das gute Chancen bietet, möglichst viele thematisch relevante Konzepte zu erarbeiten und deren Eigenschaften und Dimensionen systematisch zu entwickeln. Es geht also um eine Maximierung potentieller Lesarten und Perspektiven. Beim *axialen Kodieren,* das auf die Erarbeitung von Zusammenhängen zwischen Kategorien und Konzepten zielt, ändert sich auch der Fokus der Auswahlentscheidungen: Die Auswahl von Fällen und Daten richtet sich nun primär auf die zuvor am Material erarbeiteten tentativen Zusammenhangshypothesen und ihre Überprüfung. In der Phase des *selektiven Kodierens* schließlich ist die Sampling-Strategie dann stärker auf das Schließen von Lücken in der Theorie sowie auf deren Überprüfung ausgerichtet. Hierzu wird zwar weiterhin neues Fallmaterial erhoben, aber auch verstärkt bereits vorhandenes Material unter zusätzlichen Gesichtspunkten erneut ausgewählt und analysiert (Strauss & Corbin, 1996, S. 156 ff.). In der Praxis empirischer Forschung ist es allerdings mitunter kaum möglich, die Datengewinnung über einen relativ langen Zeitraum zu strecken und jederzeit – nach den im Theoriebildungsprozess sich entwickelnden Erfordernissen – ins ‚Feld' zurückzukehren. Gerade bei Feldforschung oder bei Unternehmensfallstudien sind die Zugänge teilweise auf einen bestimmten kürzeren Zeitraum beschränkt. Diese Einschränkungen stehen dem theoretischen Sampling aber nicht entgegen. Denn meist lassen sich reichhaltige Daten auf Vorrat gewinnen, die dann je nach Theoriefortschritt in geeigneter Weise in Strategien minimalen oder maximalen Vergleichens einbezogen werden können.

Theoretisches Sampling ist in jeder Prozessetappe eng mit dem *Kriterium der theoretischen Sättigung* verbunden: Wenn die zur Prüfung bestimmter theoretischer Konzepte systematisch und fortgesetzt erhobenen Daten diese nicht nur bestätigen, sondern auch keine weiteren Eigenschaften der Konzepte mehr erbringen, wird die Sampling-Strategie modifiziert: Ging es zunächst darum, in Bezug auf das untersuchte Phänomen möglichst homogene Fälle zu untersuchen, so wird nach dem Erreichen der theoretischen Sättigung diese *Strategie des minimalen Vergleichs* von einer *Strategie des maximalen Vergleichs* abgelöst,

d. h. es werden nun systematisch Daten zu Falldomänen ausgesucht, die gute Chancen haben, abweichende Ausprägungen des Phänomens aufzuweisen (Glaser & Strauss, 1998, S. 62 f.). Damit lassen sich Variationen bereits erarbeiteter ebenso wie bislang noch unbekannte Konzepte entwickeln, aber auch Indikatoren für die Kontextbedingungen gewinnen, unter denen bestimmte Phänomene typischerweise auftreten.

Diese Art des auf Theoriegenese statt auf Theorietest gerichteten Samplings zielt ersichtlich nicht auf die in statistischen Samplingverfahren angestrebte Repräsentativität der Stichprobe für eine bestimmte Grundgesamtheit. Angestrebt wird vielmehr eine *konzeptuelle Repräsentativität*, d. h. es soll Material zu allen Fälle und Ereignissen erhoben werden, die für eine vollständige analytische Entwicklung sämtlicher Eigenschaften und Dimensionen der in der jeweiligen gegenstandsbezogenen Theorie relevanten Konzepte und Kategorien erforderlich sind (vgl. S. 89). Daher werden auch nicht wirklich Personen oder Organisationen ausgewählt, sondern nach dem Kontext ihres Entstehens differenzierte Ereignisse (Strauss & Corbin, 1996, S. 149).

Geschult an traditionellen Verfahren der empirischen Sozialforschung, in denen ein Fall eine „Erhebungseinheit" ist, wird auch das theoretische Sampling oft so verstanden, als ging es ausschließlich um die Auswahl von „Erhebungseinheiten". Doch die Unterscheidung von Fällen und Phänomenen erweist sich hier als problematisch, denn es geht beim Begriff des Falles immer um eine relationale Bestimmung: *Wofür* ist etwas ein Fall? Welche im Material gefundenen oder neu erhobenen Daten sind als Fälle für welches Phänomen und welches theoretische Konzept des Phänomens zu betrachten? Was ein Fall ist, kann im Verlauf eines Forschungsprojekts immer wieder variieren – gerade so, wie wir den momentanen analytischen Fokus und die Brennweite unserer Analyse einrichten. Das bedeutet für das theoretische Sampling in der analytischen Arbeit, dass wir fortwährend und auf unterschiedlichen Ebenen im Material Auswahlen treffen, um Konzepte, deren Varianten und ihre Reichweiten zu erarbeiten (für eine Diskussion der Verflüssigung und Gradualisierung der Fall-Begriffs in der qualitativen Forschung s. Wagenknecht & Pflüger, 2018).

Dem theoretischen Sampling liegt die im nächsten Kapitel ausführlicher dargestellte forschungslogische Vorstellung einer sukzessiven Prüfung von aus *ad hoc*-Hypothesen deduzierten Handlungskonsequenzen zugrunde, wie sie der Pragmatist John Dewey in seiner *Theory of Inquiry* (1938) entwickelt. Danach gilt es, in iterativ-zyklisch verlaufenden Problemlösungsprozessen die abduktiv und induktiv in Auseinandersetzung mit der empirischen Welt gewonnenen Konzepte gedankenexperimentell auf ihre voraussichtlichen Konsequenzen im praktischen Handeln zu befragen, um dann in systematisch-experimentellen Schritten zu prüfen, ob die Annahmen empirisch zutreffen, bzw. inwiefern tatsächliche Handlungskonsequenzen von den erwarteten abweichen.

Anders als die *analytische Induktion* verfolgt das theoretische Sampling allerdings nicht die Falsifikationslogik einer systematischen Suche nach negativen Fällen – deren Auffinden dann zu einer Reformulierung der Ausgangshypothese bzw. zu einer Einschränkung ihres Geltungsbereichs führen würden (Glaser & Strauss, 1998, S. 109 f.; Dey, 1999, S. 170 f.). Vielmehr arbeitet die Grounded Theory mit der Vorstellung von in aufeinander folgenden Problemlösungsschritten herzustellenden Modifikationen, Differenzierungen und Erweiterungen des theoretischen Modells. Es wird also ebenso gewissenhaft auch nach Fällen und Ereignissen gesucht, die den vorläufigen theoretischen Aussagen nicht entsprechen, diese Befunde werden aber in forschungslogisch anderer Weise in den Theoriebildungsprozess integriert.

Angesichts der Dominanz vorab definierter Auswahlpläne in der empirischen Sozialforschung wird die Bedeutung der iterativ-zyklischen, verlaufsoffenen Grundstruktur des theoretischen Samplings und seiner Interdependenz mit dem fortschreitenden Analyse- und Theoriebildungsprozess gerne verkannt; insbesondere in Projektanträgen konfligiert das Ideal der Verlaufsoffenheit mit den Sachzwängen einer präzisierten Forschungsplanung. Umgekehrt erfordert die Berichterstattung über theoretisches Sampling in empirischen Projekten einen besonders hohen Darstellungs- und Begründungsaufwand.

Theoretisches Sampling ist ein in mehrfacher Hinsicht Qualität sicherndes und kontrollierendes Verfahren: Es fördert einerseits die konzeptuelle Dichte der entstehenden Theorie, indem Varianten des Phänomens systematisch erarbeitet und durch übergreifende Kategorien integriert werden. Es erhöht damit aber zugleich auch die Reichweite der Theorie, indem es in kontrollierten und explizierten Schritten eine Ausweitung des Untersuchungsbereichs ermöglicht und so in Richtung auf eine umfassende Theorie des Gegenstandsbereichs wirkt (Strübing, 2019b). Weil Auswahl und Erhebung der Daten sukzessive und prozessgesteuert erfolgen, ergibt sich überdies die Chance, nicht nur die Adäquanz der ausgewählten Daten, sondern auch die zu ihrer Gewinnung zu verwendenden Erhebungsmethoden sukzessive zu optimieren.

2.7   Theoretische Sättigung

Als „theoretische Sättigung" bezeichnen Glaser und Strauss „das Kriterium, um zu beurteilen, wann mit dem Sampling (je Kategorie) aufgehört werden kann" (1998, S. 69). Mit Sättigung ist der Punkt im Verlauf der Analyse gemeint, an dem zusätzliches Material und weitere Auswertungen keine neuen Eigenschaften der Kategorie mehr erbringen und auch zu keiner relevanten Verfeinerung des Wissens um diese Kategorie mehr beitragen. Die Idee dieses Abbruchkriteriums liegt also darin festzustellen, ab wann sich die Beispiele für ein Konzept oder eine Kategorie im Material wiederholen.

Der Abbruch der Analyse am Punkt der theoretischen Sättigung macht für die Grounded Theory gerade deshalb Sinn, weil es ihr nicht um statistische Repräsentativität und damit um den das gesamte Material umfassenden, vollständigen Nachweis aller Fälle geht, in denen Indikatoren für das fragliche Konzept zu finden sind. Ziel ist vielmehr die möglichst umfassende und hinreichend detaillierte Entwicklung der Eigenschaften von theoretischen Konzepten und Kategorien, die ich *konzeptuelle Repräsentativität* nenne. Das schließt zwar ein angeben zu können, unter welchen Bedingungen wir das Auftreten eines Phänomens erwarten können, für das die fragliche Kategorie relevant ist, es erfordert jedoch keineswegs eine Quantifizierung der faktischen Vorhandenseins oder der Auftretenswahrscheinlichkeiten.

Es ist offensichtlich, dass das Feststellen der theoretischen Sättigung für eine Kategorie eine subjektive und riskante Entscheidung der Forscherin bzw. des Forschungsteams ist: Das Kriterium, dass die Daten nichts Neues mehr für die theoretische Kategorie ergeben, ist auslegungsbedürftig und nicht objektiv aus den Daten ableitbar. Dieser Umstand beeinträchtigt allerdings nicht die Anwendbarkeit des Kriteriums der theoretischen Sättigung, er stellt lediglich erhöhte Legitimationsanforderungen an die Forschenden: Sie müssen plausibilisieren können, aufgrund welcher Datenlage sie eine Kategorie für empirisch hinreichend gesättigt halten und wie weitgehend die Aussagen sind, die sich daraufhin mit dieser Kategorie treffen lassen.

2.8 Das Schreiben theoretischer Memos

Abgesehen von der Ethnographie gibt es im Bereich qualitativer Verfahren keinen Ansatz, der so nachhaltig das Schreiben als methodisches Mittel der Theoriegenese thematisiert wie die Grounded Theory. Anders allerdings als in der Ethnographie zielen Strauss u. a. mit ihrem Credo für das Schreiben von „Memos" nicht auf das Produzieren von Daten ‚im Feld' und auch nicht auf eine analytische Vorverarbeitung der Daten im Prozess ihrer schriftlichen Produktion, sondern auf die Unterstützung von Prozessen der Datenanalyse und Theorieentwicklung im Verlauf des Kodierens. Ähnlich dem von Kleistschen Diktum von der „allmählichen Verfertigung der Gedanken beim Reden" (von Kleist, 1964) zielt

auch der Vorschlag, die analytische Arbeit durch einen fortgesetzten Schreibprozess zu unterstützen, auf die Schaffung von Bedingungen, die der Kreativität bei
der Theoriegenese förderlich sind: Schreiben also als ‚Denkzeug'. Mehr aber noch
geht es um Aspekte wie fortgesetzte Ergebnissicherung, Entlastung von ‚Neben-
gedanken', Erleichterung von Teamarbeit, Theorie als Prozess und Unterstützung
von Entscheidungsprozessen in der Theorieentwicklung. Im Einzelnen:

Die Aufforderung, bereits zu Beginn der Datenanalyse mit dem Schreiben
zusammenhängender Texte zu beginnen (Glaser & Strauss, 1998, S. 113 f.;
Strauss, 1991b, S. 151 ff.; Strauss & Corbin, 1996, S. 169 ff.), versteht sich im
Kontrast zu der aus anderen methodischen Traditionen stammenden Gewohnheit
des Schreibens von Berichten ‚am Ende' der Projekte als eine Form fortlau-
fender Ergebnissicherung, die speziell den Erfordernissen einer auf qualitativ-
interpretative Datenanalyseprozesse und auf inkrementelle Theoriebildung orientierten Forschungspraxis entspricht. Weil theorierelevante Entscheidungen bereits
von Beginn der Analyse an getroffen und dann sukzessive weiter entwickelt
werden, ist es unerlässlich, diese Entscheidungsprozesse fortgesetzt zu dokumen-
tieren. Die mit dem „memoing" vorgeschlagene Verfahrensweise des Verfassens
einzelner, immer als vorläufig zu verstehender Texte zu einzelnen Aspekten der
entstehenden Theorie sowie zu über die Theorie hinausgehenden z. B. methodischen Fragen soll vor allem die ‚Schwellenangst' vor dem Verfassen erster Texte
im Projekt vermindern: Es geht nicht um den Endbericht, sondern um einen vorläufigen Versuch, das Festhalten zunächst vager Ideen, die später, wenn sie sich als
brauchbar erwiesen haben, weiter ausgebaut, detailliert und mit anderen Aspekten der Theorie zusammengeführt, andernfalls aber verworfen werden können und
sollen.

Dem Aspekt der Ergebnissicherung dient es auch, nicht nur Stichworte, sondern vollständige Sätze zu schreiben, weil nur so die jeweilige Idee auch für
andere Teammitglieder verständlich wird und über die Zeit erhalten bleibt.[20]
Umgekehrt ist das Niederschreiben analytischer Gedanken oder auch anderer pro-
jektrelevanter Ideen eine wichtige Entlastung für die weitere Arbeit, denn einmal
niedergelegte Ideen erlauben es uns, sich weiteren analytischen Überlegungen
unbelastet zuzuwenden.

Zugleich ist der Prozess des Schreibens, Überarbeitens, Sortierens etc. von
Memos ein sehr handfester Schritt der Theoriebildung, der zur Systematisierung
und zu Entscheidungen anleitet, weil Schriftlichkeit Festlegungen erfordert und

---

[20] Interessanterweise äußern sich Strauss und Corbin nicht zur Frage des Verfassens voll-
ständiger und in sich verständlicher Memotexte, obwohl diese gerade unter dem Aspekt der
Unterstützung von Teamarbeit (deren Wichtigkeit Strauss selbst betont, vgl. Strauss, 1991b)
von zentraler Bedeutung sind.

weil Widersprüche in geschriebenen Texten sichtbar und überprüfbar werden. Die praktische Erfahrung, dass theoretische Konzepte von vagen Ideen ausgehend sukzessive weiter ausgearbeitet werden, einige analytische Ideen sich auch als unproduktiv erweisen und im Laufe des Projektes verworfen werden, während andere unerwartet in das Zentrum der Aufmerksamkeit rücken, macht überdies sehr deutlich, was die Vorstellung von inkrementeller Theoriebildung und von Theorie als Prozess praktisch bedeutet.

Es ist kein Zufall, dass Strauss und Corbin Vorschlägen zur Gestaltung des Memo-Schreibens in ihrem Lehrbuch sehr viel Aufmerksamkeit widmen, denn in der Tat hängt die Qualität der zu generierenden Theorie nicht allein von der Qualität der analytischen Arbeit am Datenmaterial ab, sondern mindestens ebenso sehr vom Prozess der schriftlichen Ausarbeitung. Gerade wenn es um erforderliche Integrationsleistungen geht, also um das in Beziehung setzen der einzelnen Theorieelemente zu einem plausiblen Zusammenhangsmodell, und wenn die Bezüge zu anderen gegenstandbezogenen oder allgemeinen Theorien erarbeitet werden sollen, stellt systematisches, konzeptorientiertes Schreiben neben dem Blick auf die Daten das zentrale Arbeitsmittel dar.

Liest man dieses Kapitel als Einführung in die praktische Vorgehensweise der Grounded Theory, so bleibt es notwendig unvollständig. Nicht nur sind die Beschreibungen der Verfahrensschritte zu wenig detailliert und zu wenig mit praktischen Beispielen belegt, um daraus konkrete Handlungsanleitungen gewinnen zu können. Es fehlen vor allem eine Reihe zentraler Themen, die erst noch im Verlauf des Buches in anderen Zusammenhängen thematisiert werden, insbesondere die wichtige Frage des Umgangs mit praktischem und theoretischem Vorwissen, die im vierten Kapitel eingehender beleuchtet wird. Vor diesem Schritt aber gilt es die wissenschafts- und erkenntnistheoretischen Ursprünge der von Strauss geprägten Variante von Grounded Theory darzustellen.

Erkenntnismodell und Wirklichkeitsbegriff im Pragmatismus

3

Methodologien und Methoden basieren auf erkenntnis-, wissenschafts- und sozialtheoretischen Annahmen, die – mal implizit und mal explizit – die Gestalt der Verfahren ebenso prägen wie sie ihrer Rechtfertigung die argumentative Basis geben. Ein beliebtes Muster in kontroversen Methodendiskussionen besteht im Ignorieren der Unterschiede der konkurrierenden methodischen Positionen in Bezug auf diese Vorannahmen – etwa im Fall der Universalisierung des kritischen Rationalismus (vgl. etwa Schnell et al., 1999; Holweg, 2005). Mitunter machen es die Protagonisten bestimmter Methodologien ihren Kritikern allerdings auch leicht, indem sie ihre Vorannahmen nicht sorgfältig und konsequent genug explizieren oder gar indem sie, einem vermeintlichen Konformitätsdruck in den Wissenschaften nachgebend, ihre methodischen Vorschläge vorschnell einem dominierenden wissenschaftstheoretischen Paradigma unterordnen.

Empirische Forschungsmethoden haben fortgesetzt mit dem Verhältnis von Realität zu Theorie zu tun, einem Verhältnis, über das es nicht nur jahrhundertealte wissenschaftliche Dispute gibt, sondern das auch als immer noch nicht eindeutig und dauerhaft geklärt betrachtet werden kann. Stattdessen gibt es eine Reihe von mehr oder weniger etablierten Vorschlägen über den Status des ‚Wirklichen‘ und die menschliche Erkenntnisfähigkeit. Gleichviel ob kritischer Rationalismus, Pragmatismus oder radikaler Konstruktivismus – um nur die derzeit prominentesten zu nennen – sie teilen miteinander den Status des Axiomatischen, sind in ihren Basisannahmen unbeweisbar und können Legitimation lediglich aus der Stringenz ihrer inneren Argumentationslogik sowie aus ihrer Leistungsfähigkeit, also ihrer Erklärungskraft ziehen. Forschungsmethoden wiederum, selbst wenn sie, wie so häufig, aus wissenschaftlichen und alltäglichen Praktiken und Traditionen entstanden sind, müssen sich um ihrer Legitimation

© Der/die Autor(en), exklusiv lizenziert durch Springer Fachmedien Wiesbaden GmbH, ein Teil von Springer Nature 2021
J. Strübing, *Grounded Theory*, Qualitative Sozialforschung,
https://doi.org/10.1007/978-3-658-24425-5_3

willen zwangsläufig – und besser explizit als implizit – auf wissenschafts- und erkenntnistheoretische Vorannahmen beziehen.

Wie steht es nun in diesem Punkt mit der Grounded Theory in der von Strauss geprägten Variante? Weil das mit Glaser gemeinsam verfasste *Discovery*-Buch zwei intellektuelle Traditionen von einiger Unterschiedlichkeit zusammenführt, sind dort deutliche Bezugnahmen eher rar und fast beiläufig in den Text eingestreut (vgl. etwa Glaser & Strauss, 1998, S. 241, Fn 2). Die eher pragmatische Orientierung der späteren Lehrbücher von Strauss (und Corbin) mögen mit dafür verantwortlich sein, dass die erkenntnislogischen und wissenschaftstheoretischen Bezüge in diesen Arbeiten ebenfalls nicht systematisch hergestellt und ausgeführt werden. Auch hier blitzt die intellektuelle und sozialphilosophische Tradition in der Strauss seinen Ansatz verortet, also der amerikanische Pragmatismus und die Chicagoer Schule, eher am Rand und ohne erkennbare Systematik auf (etwa Strauss, 1991b, S. 35, 38).[1] Deutlicher wird die Orientierung der Strauss'schen Fassung von Grounded Theory am Pragmatismus an der folgenden Passage aus einem eher methodologischen Aufsatz, in der sich Strauss und Corbin zum Verhältnis von Theorie und Wirklichkeit äußert:

> Wir lehnen uns hier eng an die Position des amerikanischen Pragmatismus an …: Eine Theorie ist nicht die Ausformulierung einiger entdeckter Aspekte einer bereits existierenden Wirklichkeit ,da draußen'. So zu denken, hieße eine positivistische Position zu übernehmen, die wir ebenso zurückweisen wie die meisten anderen qualitativen Forscher. Unser Standpunkt ist, dass Wahrheit im Handeln entsteht …: Theorien sind Interpretationen, die von gegebenen Perspektiven aus gemacht werden, wie sie von den Forschenden übernommen oder erforscht werden. Zu sagen, dass eine gegebene Theorie eine Interpretation ist – und damit fehlbar – bedeutet nicht zu bestreiten, dass Urteile über ihre Stimmigkeit und ihren voraussichtlichen Nutzen getroffen werden können. (Strauss & Corbin, 1994, S. 279).

Gehen wir also von dieser Passage aus, um den Erkenntnis- und Wissenschaftsbegriff zu rekonstruieren, der der Grounded Theory zu Grund liegt: Realität befindet

---

[1] Die Frage, welche Rolle die pragmatistische Prägung im Werk von Strauss und insbesondere in seinem methodischen Denken spielt, wird in jüngerer Zeit insbesondere von Bryant (2021) und Strübing (2019a) behandelt. Diese Frage wäre vielleicht gar nicht aufgekommen, hätte die zweite Auflage von *Basics of Qualitative Research* (Strauss & Corbin, 1998) jenes Kapitel zu methodologischen Vorannahmen enthalten, dass die beiden kurz vor Strauss' Tod 1996 noch redigiert hatten. Es enthielt eine Reihe von klaren pragmatistischen Positionierungen in Bezug auf ihre Haltung zur Grounded Theory, blieb aber für 20 Jahre verschollen, bevor es auf Betreiben von Martin Griesbacher in einem deutschen Sammelband zur Praxis der Grounded Theory veröffentlicht wurde (Strauss & Corbin, 2016).

sich demnach ebenso wie die Theorien über sie in einem kontinuierlichen Herstellungsprozess, kann also nicht als immer schon gegebene ‚Welt da draußen‘ vorausgesetzt werden. Die Existenz einer physisch-stofflichen Natur wird damit nicht bestritten, wohl aber, dass wir uns auf sie als Ganze und Gegebene beziehen können. Stattdessen, so der pragmatistisch orientierte Interaktionismus, entsteht ‚unsere Realität‘ in der tätigen Auseinandersetzung mit Elementen der sozialen wie der stofflichen Natur, die damit zu Objekten für uns werden und Bedeutungen erlangen, die wir uns über Prozesse der Symbolisation wechselseitig anzeigen können. Unser Handeln in der Welt, eingedenk der reziproken sozialen Zuschreibungen, resultiert in ‚der Welt, wie wir sie kennen‘, in dem also, was Herbert Blumer die „empirische Welt nennt“ (Blumer, 2004).[2] Weil aber unser Handeln immer von einer jeweiligen raum-zeitlichen und sozialen Gebundenheit aus erfolgen muss, realisieren wir darin immer nur eine unter einer Vielzahl möglicher *Perspektiven. Sozial* und (damit in dieser Hinsicht) *objektiv* sind diese Perspektiven, wie Mead (1987) aufzeigt, weil unser Handeln von der primären Sozialisation an immer schon über den Austausch signifikanter Symbole auf konkrete oder generalisierte Andere abgestimmt ist.

Diese soziale Abstimmung ist jedoch ebenso wenig universell, wie die dabei hervorgebrachte empirische Welt der Objekte und Strukturen: Auch ohne zu bestreiten, dass sich Akteure aus divergierenden Interaktionskontexten im Kern mit derselben Natur auseinander zu setzen haben, können wir konstatieren, dass ihnen diese in ihrer jeweiligen Praxis in unterschiedlichen Ausschnitten und Intensitäten und folglich auch in unterschiedlichen Bedeutungen entgegentritt. Realität ist zwar objektiv, aber nicht universell, es gibt mithin auch keinen Anlass, ein universelles, akteursunabhängiges Wahrheitskriterium anzunehmen.

Die Vorstellung, soziale Akteure schöpften ihre „empirische Welt“ aus Interaktionen in und über die soziale und dingliche Natur, impliziert zugleich die Auffassung von Realität als *Prozess.* Realität in Vergangenheit, Gegenwart und Zukunft ist fortgesetztem Wandel unterworfen, der seine Ursachen ebenso sehr im sozialen Prozess der interaktiven Objektbildung wie in der physisch-stofflichen Dynamik der Natur hat. Dem Handelnden erschließt sich die Strukturiertheit nicht a priori, sondern erst im Zuge ihres tätigen Umgangs mit der Welt ‚da draußen‘.

---

[2] Blumer fügt dem pragmatistischen Realitätsbegriff allerdings ein paar unangemessene und unnötige Verkürzungen zu, die ich hier nicht diskutieren kann, aber auch nicht übernehmen will. Insbesondere fehlt in seinem Konzept der physisch-sensuelle Bezug zwischen Akteur und Körper/Welt, wodurch der Eindruck entsteht, sein Begriff von Realität beschränke sich auf die Welt der Bedeutungen (vgl. Strübing, 2005, Kap. 2.4).

Wenn wir uns auf diese prozessuale, multiperspektivische Realitätsauffassung verständigen, kann auch das Verständnis von Theorien kein anderes als ein prozessuales sein, denn einerseits sind sie selbst Teil der Realität, und andererseits müssen sie, um wirklichkeitsangemessen zu sein, den Wandel des Wirklichkeitsausschnittes nachvollziehen, über den sie Aussagen machen wollen. Auch Universalität von Theorien ist dann ausgeschlossen: Weil Theorien nicht Entdeckungen (in) einer als immer schon gegeben zu denkenden Realität sind, sondern beobachtergebundene Rekonstruktionen repräsentieren, bleiben auch sie der Prozessualität und Perspektivität der empirischen Welt unterworfen (vgl. dazu Kap. 4).

Das klingt wenig ermutigend. Es wird sich aber im sechsten Kapitel zeigen, dass für die Art von Gewissheit, die wir in methodischer Hinsicht benötigen, durchaus hinreichende Voraussetzungen vorliegen. Doch betrachten wir zunächst die Grundannahmen und die Argumentationslogik der pragmatistischen Denkschule, wie sie ab etwa 1865 zunächst von Charles Sanders Peirce und William James sowie später auch von George Herbert Mead und von John Dewey geprägt wurde.[3]

3.1   Orientierung auf praktische Konsequenzen

Der Pragmatismus nimmt seinen Ausgangspunkt in einer fundamentalen Kritik des tradierten universalistischen Wahrheitsbegriffs: An die Stelle des prinzipiellen Zweifels der Descartschen Introspektion setzen die Pragmatisten den „praktischen Zweifel". Ziel wissenschaftlichen Denkens sei es nicht, die Dinge grundsätzlich in Zweifel zu ziehen, sondern zu prüfen, welche praktischen Konsequenzen sie zeitigen, um daraus zu folgern, was ihre tatsächliche, d. h. handlungspraktische Bedeutung ausmacht:

> Ziel des schlußfolgernden Denkens ist, durch die Betrachtung dessen, was wir bereits wissen, etwas anderes herauszufinden, das wir nicht wissen. Folglich ist das Schlußfolgern richtig, wenn es eine wahre Konklusion aus wahren Prämissen liefert, und sonst nicht. So betrachtet liegt das Problem seiner Gültigkeit in den Tatsachen und nicht im Denken (Peirce, 1991c, S. 152).

Man möchte meinen, damit verpflichte der Pragmatismus das wissenschaftliche Denken lediglich auf Empirie anstelle bloßer Kontemplation als ultimatives Wahrheitskriterium – und in der Tat war dies seinerzeit angesichts des Erfolges

---

[3] Für ausführlichere Darstellungen siehe Joas (1992) und Strübing (2005, Kap. 1).

,moderner' Naturwissenschaften ein wichtiges Motiv für Peirce. Doch damit ist zugleich eine zweite wichtige Bestimmung getroffen: Weil die (tatsächlichen oder denkbaren) praktischen Konsequenzen eines Sachverhalts erfahrbar sein müssten, Erfahrung aber perspektivbezogen variiert, kann es keine *universell* wahre Bedeutung eines Sachverhaltes geben. Zugleich geht der Pragmatismus von einer *Kontinuität* von Denken und Handeln aus: Praktische Konsequenzen sind nicht nur Wirkungen, die ein Ding oder Sachverhalt in der ,Welt da draußen' zeitigt, vielmehr besteht schon unser Denken aus „Verhaltensgewohnheiten" („habits"), die zu Überzeugungen darüber anleiten, welche praktischen Konsequenzen wir mit einem Sachverhalt verbinden und welche Bedeutung wir ihm daher zuweisen (Peirce, 1991e, S. 194 f.). Das Denken der Akteure (wie der wissenschaftlichen Beobachter) steht nicht außerhalb der Wirklichkeit, sondern ist sowohl von deren praktischer Erfahrung geprägt als auch selbst konsequenzenträchtig.[4] Statt in universellem Zweifel und der Suche nach letzten Gründen siedelt der Pragmatismus sein Wahrheitskriterium also in der Perspektivität und Prozessualität praktischer Handlungsbezüge an.

3.2   Untersuchungslogik

Die untersuchungslogischen Folgerungen aus der pragmatistischen Orientierung an praktischen Konsequenzen haben insbesondere Charles S. Peirce und John Dewey gezogen, auf die Strauss sich für die Grounded Theory hauptsächlich beruft.[5] Peirce hat bereits früh darauf hingewiesen, dass es für jeden Zweifel eines positiven Grundes bedarf, wir also unsere Untersuchungen immer nur auf der Basis bereits erworbener Vor-Urteile beginnen können (Peirce, 1991d). Praktische Zweifel entstehen, wenn diese Vor-Urteile und unsere darauf basierenden Verhaltensgewohnheiten im aktuellen Handeln *problematisch* werden, Dinge also

---

[4] Die Ko-Genese von Reiz/Objekt und ,habit' hat Dewey (1963) am Beispiel von Kerzenlicht und kindlichem Lernen aufgezeigt. – Soziologisch hat William I. Thomas den Gedanken der Konsequenzenträchtigkeit in seinem Konzept der Situationsdefinition weitergeführt: „Wenn Menschen Situationen als real definieren, dann sind sie real in ihren Konsequenzen" (Thomas & Thomas, 1928, S. 572).

[5] Ich beziehe mich hier ausschließlich auf den klassischen Pragmatismus und dessen zentrale Postulate, über die zwischen Peirce, James, Dewey und Mead weitgehend Einigkeit herrschte. Zwar gibt es im Pragmatismus – wie in allen wissenschaftlichen Ansätzen – Differenzen und teils auch heftige interne Kontroversen. Der von Lewis und Smith (1980) unternommene Versuch aber, Peirce zum Realisten, James und Dewey hingegen zu Nominalisten zu erklären, geht – wie u. a. Blumer (1977, 1983) oder Rochberg-Halton (1983) überzeugend dargelegt haben – an der Sache vorbei.

nicht so funktionieren, Menschen sich nicht so verhalten, wie wir auf der Basis unserer Vor-Urteile meinten annehmen zu können. Daraus resultiert ein Prozess praktischer Problemlösung, den wir in der soziologischen Theorie etwa unter dem Stichwort Routinebruch oder „Handlungshemmung" (Mead) thematisieren. Dewey (2002, S. 132 ff.) nun sieht in diesem Problemlösungsprozess des Alltags-handelns das paradigmatische Modell auch für wissenschaftliche Untersuchungs-prozesse. Schon in diesem Kontinuitätsargument liegt ein wichtiger Bezugspunkt für Strauss, der Grounded Theory immer aus der Perspektive der ‚naturali-stic inquiry' thematisiert, also als eine situativ anzupassende, systematisierte Variante alltäglichen Erkenntnisgewinns. Das Moment der Wissenschaftlichkeit – auch darin geht Strauss mit Dewey konform – liegt hier in der Systematisie-rung und nicht etwa darin, dass in den Wissenschaften ein vollständig anderer Wirklichkeitszugang etabliert wird.

Dewey stellt diese systematisierte Form der ‚inquiry' als ein fünfschritti-ges Modell vor, das in Iterationen so lange durchlaufen wird, bis aus Zweifeln Überzeugungen geworden sind (vgl. Abb. 3.1). Den *Ausgangspunkt* einer jeden Untersuchung bildet eine Situation der Ungewissheit oder Unbestimmtheit, wie sie aus einem Routinebruch resultiert: Unsere Handlungsgewohnheiten stoßen auf eine materielle oder soziale Widerständigkeit, die sich mit routiniertem Weiterhan-deln im Handlungsstrom nicht überwinden lässt. Davon unterscheidet Dewey als *zweite* Stufe die *„Problemstellung"* (2002, S. 134 f.). In dieser Phase finden wir also heraus, was genau an der unbestimmten Situation problematisch ist und was nicht. Diese Phase sei allerdings nicht mit der Durchführung der Untersuchung bzw. der Lösung des Problems zu verwechseln, weil die Problemformulierung die Lösung bzw. den Weg dorthin nicht enthält.[6] Allerdings wird damit, wie Nagl (1998, S. 119 f.) bemerkt, eine „Spezifikation des angezielten Forschungsraums" geleistet, die auch Entscheidungen über die Auswahl relevanter Daten für die Problemlösung impliziert.

Die *dritte* Phase besteht nach Dewey in der tentativen Entwicklung mögli-cher Problemlösungen, wobei es zunächst darum geht die Fakten zu sichten, d. h. zu prüfen, was ‚der Fall ist'. Diese ‚Fakten' der Situation werden aller-dings nicht einfach vorgefunden, sondern es handelt sich um einen aktiven Schritt des Selegierens und Interpretierens, der von den problemlösenden Personen (also bei wissenschaftlichen Untersuchungen: von den Forschenden) betrieben und zwangsläufig auf der Basis ihrer ihnen bis dahin verfügbaren Vor-Urteile initi-iert und durchgeführt wird. Es handelt sich insofern also nicht um Fakten in

---

[6] Die alltagssprachliche Redewendung ‚Problem erkannt, Problem gebannt' ist insofern irreführend.

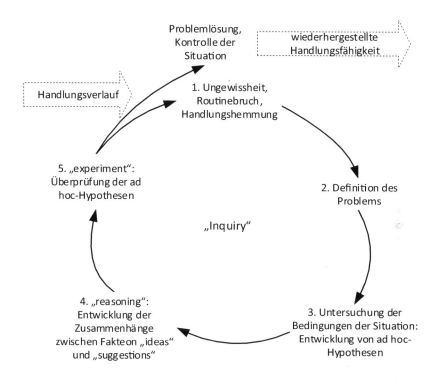

Problemlösung,
Kontrolle der
Situation

wiederhergestellte
Handlungsfähigkeit

Handlungsverlauf

1. Ungewissheit,
Routinebruch,
Handlungshemmung

5. „experiment":
Überprüfung der ad
hoc-Hypothesen

2. Definition des
Problems

„Inquiry"

4. „reasoning":
Entwicklung der
Zusammenhänge
zwischen Fakteon „ideas"
und „suggestions"

3. Untersuchung der
Bedingungen der Situation:
Entwicklung von ad hoc-
Hypothesen

Abb. 3.1 Pragmatistischer Problemlösungszyklus nach Dewey

einem naturwissenschaftlichen Verständnis. Aus der Zusammenschau des postu-
lierten Problems und der Fakten werden dann mögliche Lösungen entwickelt.
Entscheidend ist dabei, dass es sich bei diesen Lösungsvorschlägen, wir könnten
auch sagen: *ad hoc*-Hypothesen, nicht um Fakten, also empirisch fassbare Phänomene, sondern um Vorstellungen („ideas") handelt – deren handlungspraktische
Konfrontation mit der ‚Welt da draußen' also noch aussteht.

Hier kommt es nach Dewey zu einem Prozess wechselseitiger Stabilisierung
zwischen Klärung der Faktenlage (oder der Handlungsbedingungen) und Entwicklung von Lösungsvorschlägen (2002, S. 135 ff.). Problemlösen wird im
Pragmatismus nicht einfach als eine systematische Re-Kombination bekannter
Zusammenhänge verstanden, sondern als kreativer Prozess, der zunächst mit spontanen Eingebungen und Assoziationen beginnt (die Dewey als „Suggestionen"

bezeichnet, Dewey, 2002, S. 137), dann aber sukzessive zu konkreteren, aus-
gearbeiteteren Handlungsvorgaben voranschreitet. Suggestionen entsprechen den
Resultaten jener „abduktiven Blitze", die Peirce für die Konstitution neuer Zusammenhänge verantwortlich macht (s. u. und vgl. Peirce, 1991a, S. 404). Spontane
Eingebungen sind ersichtlich keine logisch zwingenden Schlüsse, basieren also
nicht auf diszipliniertem und systematischem Schlussfolgern. Erst die sukzessive Konkretisierung von „Suggestionen" lässt diese zu „Ideen" werden, deren
Kapazität als Problemlösung zumindest einer vorläufigen Prüfung unterzogen
wurde. Ideen sind also keine bloßen mentalen Kopien physischer Objekte, sondern
haben immer einen überschießenden Gehalt. Zugleich sind sie selbst keine physi-
schen Objekte, d. h. ihre Bedeutung bedarf des Ausdrucks in einer symbolischen
Form z. B. sprachlicher Art. Damit (oder aus der methodologischen Perspektive: erst dann) werden „Ideen" wie auch „Suggestionen" einer objektivierenden
Untersuchung zugänglich (Dewey, 2002, S. 137).

Im *vierten* Schritt der inquiry, der „Beweisführung" („reasoning") geht es
darum, die Elemente dieses Prozesses, die verschiedenen „Suggestionen", „Ide-
en" und „Fakten" logisch und systematisch zueinander in Beziehung zu setzen
(Dewey, 2002, S. 139 f.). Es wird also gefragt, welche praktischen Konsequenzen
die entwickelten Lösungsideen für das fragliche Problem voraussichtlich haben
könnten. Im „reasoning" entsteht allerdings noch nicht die abschließende Problemlösung, sondern nur ihr tentativer Entwurf, der in praktisch operablen *ad
hoc*-Hypothesen über die erwartbaren Konsequenzen bei praktischer Umsetzung
mündet.

Erst in der abschließenden *fünften* Prozessetappe, die Dewey als „Experiment"
(2002, S. 142) bezeichnet, geht es um die praktische Bewährung der in Hypo-
thesenform ausgedrückten Neukonfiguration des Verhältnisses von Fakten und
Ideen:

Wenn die problematische Situation von der Art ist, dass sie extensive Forschungen
erfordert, um ihre Klärung zu bewirken, kommt eine Reihe von Interaktionen dazwi-
schen. Einige beobachtete Tatsachen verweisen auf eine Idee, die für eine mögliche
Lösung steht. Diese Idee ruft weitere Beobachtungen hervor. Einige der neu beobachteten Tatsachen verbinden sich mit den früher beobachteten und sind geeignet,
andere beobachtete Dinge im Hinblick auf ihre Beweisfunktion auszuschließen. Die
neue Ordnung von Tatsachen legt den Gedanken an eine modifizierte Idee (oder Hypothese) nahe, die neue Beobachtungen veranlasst, deren Ergebnis wiederum eine neue
Ordnung von Tatsachen bestimmt und so weiter, bis die bestehende Ordnung sowohl
vereinheitlicht wie vollständig ist. Im Verlaufe dieses seriellen Prozesses werden die
Ideen, die mögliche Lösungen darstellen, überprüft oder ‚bewiesen' (Dewey, 2002,
S. 141 f.).

Das gesamte fünfschrittige Programm der *inquiry* ist also ein iterativer Prozess. Er wird ggf. mehrfach durchlaufen, bis das Problem als gelöst, der Zweifel als beseitigt erfahren wird, die Untersuchung also (im Erfolgsfall) zu einem als hinreichend bewerteten Ergebnis geführt hat.[7] Dabei sind die einzelnen Phasen nicht als distinkte Prozessetappen zu verstehen, sondern als ein flexibles Wechselspiel von Beobachtung, Interpretation, Reflexion und Erprobung.

Dewey misst der experimentellen Phase besondere Bedeutung bei, weil nur in ihr die problemspezifische Wahrnehmung der Fakten des Problems mit den dabei entwickelten Problemlösungsideen zusammenkommen können. Sowohl Fakten als auch Ideen vollziehen sich erst durch auf ihnen gründende Operationen, also im Handeln. Das hat, wie Dimitri Shalin feststellt, Konsequenzen für den pragmatistischen Wissensbegriff und für das Verständnis von Objektivität:

„Pragmatisten betonen, dass Handeln ebenso durch die Umwelt konstituiert ist, wie es selbst die Umwelt konstituiert. Es geschieht im Verlauf dieser wechselseitigen Hervorbringungen, dass Realität sich dem Wissenden (‚Knower') erschließt. Wissen existiert nicht um seiner selbst willen, sondern um des Handelns willen. Welchen Zweifel der Wissende über die Natur der Dinge auch hat, er lindert ihn praktisch, indem er Objekte manipuliert, sie unterschiedlichen Nutzungen zuführt, und so die Objekte buchstäblich zwingt seiner Idee von ihnen zu entsprechen. Während er dies tut, beweist er – in situ – ob ein fragliches Objekt ist, was er dachte, dass es ist. Eben dieser Modus des handelnden Umgehens mit Dingen ist also fester Bestandteil ihres objektiven Seins." (Shalin, 1986, S. 11).

Für die empirische Sozialforschung ergibt sich hieraus eine prozesshafte, perspektivisch gebundene Objektkonstitution auf zwei Ebenen: zunächst auf der des sozialen Feldes, das erforscht wird und in dem wir davon ausgehen müssen, dass seine Akteure ihre Bedeutungen im Handeln entwickeln, modifizieren und reproduzieren; dann aber auch in der Konstitution des Feldes als Wissensobjekt durch die Forschenden. Auf beiden Ebenen aber geschieht dies – und das ist wichtig – immer in Auseinandersetzung mit den sozialen und materialen Gegebenheiten.

---

[7] *Was* hinreichend ist, wird in einem sozialen Aushandlungsprozess unter Einbeziehung der Auseinandersetzung mit der Natur bestimmt. Dabei bringt der Kontext ‚Wissenschaft' andere Standards und Gütekriterien hervor als Problemlösungsprozesse im Alltag. Entscheidend ist aber in beiden Bereichen die gemeinsam geteilte Überzeugung von der erfolgreichen Lösung des Ausgangsproblems, deren Validierungsinstanz erfolgreiches Handeln auf der Basis der gefundenen Lösungen bzw. des erarbeiteten Wissens ist. Unterschiede zwischen Alltag und Wissenschaft sind zweifellos relevant, aber sie sind hier nicht kategorialer, sondern gradueller Art: Auch im Alltag ist eine gewisses Maß an Konsistenz und Nahvollziehbarkeit unabdingbar, um einer Lösung intersubjektive Geltung zu verschaffen.

Diese Annahme hat Auswirkungen auch auf das Verständnis von ‚Daten‘, das der Grounded Theory zugrunde liegt. Realität als im Handeln und also auch im Forschungshandeln beständig neu hervorgebracht zu verstehen, bedeutet zum einen notwendig, dass Daten Teile oder Aspekte dieser Realität immer nur zu einem bestimmten Zeitpunkt in Zeit und Raum repräsentieren können. Und wenn wir uns in pragmatistischer Manier darauf festlegen, dass Realität nirgendwo anders als in der Aktualität menschlichen Handelns existiert, dann wird auch deutlich, dass (Forschungs-)Handeln nicht einfach als das ‚Fenster‘ verstanden werden kann, durch das hindurch wir einen Blick auf die Realität erhaschen können. Es ist selbst der Ort von Realität: „Realität an sich oder in ihrer uninterpretierten Nacktheit ist pragmatistisch eine bedeutungslose Idee, denn es ist eine Idee (…) des Nicht-zu-Wissenden (‚unknowable‘) …“ (Thayer, 1973, S. 68). In dieser Perspektive entbehrt ein objektivistischer Bezug nicht nur auf Realität, sondern auch auf Daten jeglicher Grundlage. Das von Mead (1938, S. 660) geprägte Bild des ‚Herausmeißelns‘ von Objekten und Daten aus der ‚Welt da draußen‘ trifft den Sachverhalt daher besser, weil es klar macht, dass in die Produktion von Daten Arbeit und (Vor-)Wissen der Forschenden eingehen und eingehen müssen.

3.3   Abduktion

Wie steht es nun mit der Abduktion, um die in Kreisen qualitativ orientierter Sozialforschung oft so viel Aufhebens gemacht wird (Oevermann, 1991; Kelle & Kluge, 1999, S. 19 ff.; Rosenthal, 1995, S. 211 ff.)[8]? Nicht selten begegnen wir dem Argument, die Gültigkeit qualitativer Forschungsergebnisse beruhe darauf, dass hier eine über Deduktion und Induktion hinausgehende, dritte logische Schlussform, eben die Abduktion, zugrunde liege.[9] Jo Reichertz (1993, 2003) hat darauf hingewiesen, dass solch pauschale Behauptungen jeder Grundlage entbehren – insbesondere, weil Abduktionen keine streng logischen Schlüsse sind. Diese irrige Ansicht beruhe, so Reichertz, vor allem auf einem das Werk von Peirce betreffenden Rezeptionsproblem: In seinem Frühwerk hat dieser am Beispiel seines Bohnen-Syllogismus in der Tat zunächst eine dritte logische Schlussform eingeführt, von der er anfangs annahm, sie hätte den Vorteil, uns tatsächlich in logisch zwingender Form auf Neues schließen zu lassen, während Induktion und

---

[8] Allerdings verwendet Oevermann die Idee der Abduktion in anderer Weise als dies Rosenthal oder Kelle und Kluge tun (vgl. auch Bohnsack, 2014, S. 215 ff.).

[9] Ich verzichte hier auf weitere Belege, da Reichertz (2003, S. 9 ff.) bereits eine Reihe von Autoren zitiert, die sich in dieser Richtung geäußerthaben.

Deduktion immer nur bislang Ungeklärtes aus bekannten Tatsachen zu erklären
vermögen (Peirce, 1991b, S. 231 ff.).

Abduktive oder hypothetische Schlüsse[10] sind in dieser frühen Variante bei
Peirce Schlüsse von der *Regel* und dem *Resultat* auf den *Fall*: Ich finde eine
tote Frau am Boden liegend mit einem Stilett in der Brust *(Resultat)*, bin mir
der allgemeinen *Regel* bewusst, dass tote Menschen, die mit Messern aller Art in
der Brust aufgefunden werden, typischerweise keines natürlichen Todes gestorben
sind, und schließe daraus, dass die Tote ermordet wurde *(Fall)*. Dieses Beispiel ist
nicht zufällig aus dem kriminalistischen Milieu gewählt, denn Tatort-Kommissar
Ivo Batic und seine Kollegen pflegen sich Fällen dieser Art gewöhnlich so anzunä-
hern. Die Betonung liegt jedoch auf ‚Annähern‘: Jeder *empirische* Schluss dieser
Art ist probabilistisch, und gute Kriminalisten wissen das: Es könnte ja sein, die
Frau ist nachts einem plötzlichen Herzinfarkt erlegen, eine halbe Stunde später
stolpert ein Einbrecher über die noch warme Leiche und sticht in seiner Panik
auf sie ein. Wir können uns also auf diese Art abduktiver oder hypothetischer
Schlüsse nicht mit letzter Gewissheit verlassen. Peirce selbst war sich dessen
durchaus bewusst, denn er schreibt zu seinem Bohnen-Beispiel, dies sei „eine
sehr schwache Schlussart" (1991b, S. 231 f.). Obendrein – so Reichertz (1993,
S. 264) – sei mit ihr strenggenommen nicht wirklich *neues* Wissen zu gewinnen,
sondern lediglich unser bekanntes Wissen auszuweiten.

Erst im Rahmen seines semiotisch geprägten Spätwerks unterscheidet Peirce
diese Schlussform dann als „qualitative Induktion" ausdrücklich von der *Abduktion* (vgl. Reichertz, 1993, S. 263). Der gravierende Unterschied zwischen beiden
ist die Möglichkeit, tatsächlich *neues* Wissen zu gewinnen, wie sie nur die Abduktion bietet. Der späte Peirce geht im Kern von folgendem Modell aus: Wenn wir
etwas wahrnehmen, haben wir es mit einem „Wahrnehmungsinhalt" (*„percept"*)
zu tun, der als Ergebnis eines Zusammenwirkens von Empfindung und Sinnes-
eindruck mit historisch erworbenem Unterscheidungswissen zu Stande kommt
und im weitesten Sinne eine (unwillkürliche und vorsprachliche) Schlussfolge-
rung darstellt. Der entscheidende Schritt ist nun aber der von der vorsprachlichen
Fassung des Wahrnehmungsinhaltes zu einem „Wahrnehmungsurteil", denn „die
Prädikation gliedert das Unbekannte, Überraschende und Erschreckende in eine
mehr oder weniger bekannte Ordnung ein, verwandelt Neues in Bekanntes" (Reichertz, 1993, S. 268). Dieser Schritt erfolgt vermittels der Abduktion, bei der das
aktuelle percept mit den Erinnerungen vergangener percepte (also mit stilisierten

---

[10] Peirce verwendet zunächst den Begriff „hypothesis", ab 1893 aber bringt er diesen für
eine längere Schaffensperiode mit dem der Abduktion in Verbindung, ohne beide Begriffe
definitorisch klar zu trennen (Richter, 1995, S. 102 f.).

percepten, Peirce bezeichnet das als „*percipuum*")[11] verglichen werden. Dabei können im Prinzip zwei Fälle eintreten: Zumeist meinen wir ein aktuelles percept einem bekannten percipuum zuordnen zu können; das wäre dann eine „qualitative Induktion". Mitunter aber finden wir keine Entsprechung und müssen daher ein neues percipuum ‚erfinden'. Auch dieser Prozess, der eigentliche „abduktive Blitz", geschieht unwillkürlich: „Der Schluss von percept und percipuum auf ein Wahrnehmungsurteil liegt außerhalb jeder Kritik und jeder Kontrolle, er ist weder gut noch schlecht – er ist eben" (Reichertz, 1993, S. 269).

Erst das in diesem Prozess entwickelte Verständnis der Wahrnehmungsinhalte ist diskursiv und damit auch rationaler Kritik zugänglich, nicht aber der Prozess selbst. Zugleich geht Peirce davon aus, dass das neu entwickelte *percipuum* durchaus Elemente von alten enthält, diese aber neu konfiguriert, die Grenzen neu zieht, Zusammenhänge neu herstellt. Es handelt sich also dennoch – wie auch Reichertz festhält – um einen „kreativen Schluß" (Reichertz, 1993, S. 271).

Unter dem Gesichtspunkt der Sicherung und Überprüfbarkeit der Güte von Ergebnissen wissenschaftlicher Erkenntnisprozesse klingt das nicht sonderlich verheißungsvoll. Wenn wir einerseits auf Abduktionen angewiesen sind, um neue Erkenntnisse zu gewinnen und sich andererseits dieser Teil des Prozesses der intersubjektiven Überprüfbarkeit entzieht, wie sollen wir dann zu objektiven, also intersubjektiv als gültig anerkannten Ergebnissen gelangen? Aber ganz so aussichtslos ist es denn doch nicht. Zunächst einmal lassen sich Bedingungen herausarbeiten, unter denen das Auftreten abduktiver „Blitze" in besonders hohem Maße zu erwarten ist. Reichertz hält es hier weitgehend mit Peirce und schlägt lediglich den Erwerb einer „abduktiven Haltung" zur Lösung des Problems vor. In der Grounded Theory hingegen lassen sich Vorschläge zu einer Systematisierung und ‚technischen Unterstützung' dieser Prozesse ausmachen.[12] Das heißt nun nicht, dass die Grounded Theory etwa einen Weg gefunden hätte, sich dem von Peirce aufgezeigten Dilemma zu entziehen. Jedoch geht sie über den unverbindlichen Appell zur Einnahme einer „abduktiven Haltung" hinaus und zeigt auf, wie Abduktionen produktiv in den Forschungsprozess integriert werden können.

---

[11] Es handelt sich hier nicht, wie man zunächst meinen könnte, um eine in der Schreibweise abweichende Vergangenheitsform von ‚percipere', sondern um ein von Peirce geprägtes Kunstwort (Reichertz, 2003, 48 Fn 30).

[12] Einige davon haben wir im ersten Kapitel bereits kennen gelernt. Strauss und Corbin (1996, 56 ff.) haben eine ganze Reihe von „Techniken zur Erhöhung der theoretischen Sensibilität" im Einzelnen beschrieben. Allerdings können auch diese Verfahrensvorschläge Abduktionen nicht regelhaft erzeugen. Voraussetzung ist in jedem Fall eine Form geistiger Offenheit, wie sie Reicherts als „abduktive Haltung" im Blick hat. Und riskant bleibt die Sache allemal.

Dabei erweist sich allerdings auch, dass Abduktionen für sich genommen keines ihrer Ergebnisse legitimieren können. Warum eine Forscherin A auf der Basis bestimmter Daten zu einem bestimmten Verständnis des fraglichen Phänomens kommt, Forscher B aber bei gleicher Datenlage zu einem anderen, lässt sich mit der Vorstellung der Abduktion zwar erklären, es lässt sich jedoch nicht entscheiden, welches das ‚richtige' Ergebnis ist. Dies gelingt erst in jenem iterativ-zyklischen Prozess experimenteller Erprobung, in dem aus qualitativen Induktionen ebenso wie aus Abduktionen *ad hoc*-Hypothesen erarbeitet werden, die dann im nächsten Prozessschritt in einer deduktiven Bewegung wiederum auf Daten bezogen werden (Abb. 3.2). Auch dieser Prozess kann – aus den vorgenannten Gründen – zu unterschiedlichen Ergebnissen führen, über deren Gültigkeit dann wiederum diskursiv auf Basis konsensuell etablierter Gütekriterien entschieden wird.

Damit soll der kurze Durchgang durch einige Elemente der pragmatistischen Erkenntnis- und Wissenschaftstheorie enden. Es sollte deutlich geworden sein, auf welche Art von Wirklichkeitsbegriff und auf was für eine Forschungslogik die Grounded Theory rekurriert, wenn sie sich auf den Pragmatismus beruft. Realität ist im Pragmatismus zwar ‚real' in dem Sinne, dass da etwas ist; das was es ist, befindet sich aber in einem Prozess kontinuierlichen Werdens. Dabei ist diese Realität auf den gestaltend-erkennenden Aktivismus der Subjekte angewiesen, die nicht getrennt von der Realität (gewissermaßen außerhalb) existieren, sondern diese und damit zugleich sich selbst immer neu hervorbringen.

Somit wird die klassische Entgegensetzung von erkennendem Subjekt und äußerer, ‚objektiver' Realität, zu Gunsten eines Kontinuitätsmodells aufgehoben. Das nicht festgelegte Kontinuum potentieller Realitäten wird so immer wieder neu und bezogen auf praktische Handlungsprobleme erkannt und strukturiert. Mead notiert dazu: „Was ein Ding in der Natur ist, hängt nicht einfach davon ab, was es an sich ist, sondern ebenso vom Beobachter" (zit. n. Shalin, 1986, S. 10).

Dabei ist kein Endpunkt der Fixierung von Realität denkbar. Es geht nicht, wie in der Idee des ‚Enträtselns der Wunder der Natur' darum, Stück um Stück Welterkenntnis zusammenzutragen, bis man irgendwann das komplette Bild hat. Jedes Bild der ‚Welt da draußen' ist immer nicht nur temporär, sondern auch unvollständig, weil jeweils situationsbezogen. Dies gilt ebenso wie für das Handeln der Akteure in ihrer Alltagswelt, in der wir sie beobachten und befragen, auch für unser eigenes Forschungshandeln und betrifft damit auch den Status, den wir Daten zuschreiben können. Wiederum Mead schreibt dazu: „Aber Fakten sind nicht einfach da um ausgesucht zu werden. Sie müssen herauspräpariert werden, und in jedem Feld sind Daten die schwierigste aller Abstraktionen. Genauer:

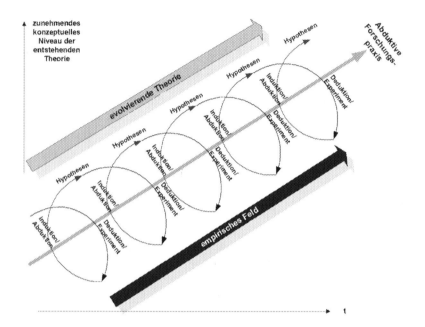

Abb. 3.2   Pragmatistische Forschungslogik als schematisches Prozessmodell

Selbst ihre Form ist abhängig von dem Problem, dem sie zugehören" (Mead, 1938, S. 98).

Mit dieser Schwierigkeit haben im Übrigen – wie die Laborstudien von Knorr-Cetina (1984) und anderen gezeigt haben – nicht allein die Sozial-, sondern auch die Naturwissenschaften zu kämpfen. Es ist daher auch sehr viel weniger verlockend als noch vor einigen Jahrzehnten, den traditionellen Objektivitätsbegriff der naturwissenschaftlichen Forschung als Vorbild sozialwissenschaftlicher Methodologien heranzuziehen.

Dies sind also *grosso modo* die wissenschafts- und erkenntnistheoretischen Hintergrundannahmen, auf die sich die methodologische Konzeption der Grounded Theory in der Variante von Strauss beruft. Im Mittelpunkt steht eine auf mehrere Dimensionen bezogene Kontinuitätsunterstellung: Alltagspraxis und Wissenschaft, Subjekt und Objekt/Umwelt, aber auch Handeln und Reflexion sind jeweils als differenzhaltiges Kontinuum miteinander verbunden, statt – wie in der Tradition der analytischen Wissenschaftsphilosophie – als voneinander getrennte

Entitäten aufgefasst zu werden. Der Zusammenhang konstituiert sich dabei aktivistisch, also im Handeln, Wirklichkeit ist prozesshaft und multiperspektivisch strukturiert. Ein unabhängiger Beobachter steht für Erkenntnisprozesse ebenso wenig zur Verfügung, wie der Archimedische Punkt, um die Welt aus den Angeln zu heben.

Theoriebegriff, Vorwissen und das Problem der Induktion

4

„*The published word is not the final one, but only a pause in the never-ending process of generating theory*"

(Glaser & Strauss, 1967, S. 40)

Nicht zufällig taucht der Begriff der Theorie bereits im Etikett „Grounded Theory" auf: Von Beginn an haben sowohl Glaser als auch Strauss die Formulierung erklärend-verstehender Theorien über den erforschten Gegenstandsbereich zum Ziel des von ihnen verfochtenen Verfahrens erkoren und dazu einen analytischen Prozess zur Voraussetzung erklärt. Von forschungsstrategischen Alternativen wie etwa einer „dichten Beschreibung" (Geertz, 1987) setzen sie sich unter Hinweis auf ihren Anspruch an Systematik und konzeptuelle Dichte der angestrebten Forschungsergebnisse ab (Strauss & Corbin, 1994, S. 274). Es geht ihnen nicht einfach – obwohl das schwer genug ist – um eine Beschreibung der untersuchten empirischen Phänomene, wie ‚dicht' sie auch immer sein mag, sie wollen – ganz im Sinne der Definition Max Webers – aus dem Verstehen erklären können, warum ein sozialer Prozess so verlaufen ist, wie er verlaufen ist, warum eine Beziehungskonstellation so beschaffen ist, wie sie beschaffen ist, etc.[1] Es geht ihnen also sehr wesentlich um eine Integration des aus der Analyse eines fraglichen Phänomens neu entwickelten Wissens mit dem bereits verfügbaren Bestand an alltäglichem oder wissenschaftlichem Wissen.

---

[1] Hier enden allerdings die Parallelen zu Weber, denn schon in der Wahl der zentralen Untersuchungskategorie (Handeln versus Interaktion) liegen Interaktionisten und rationalistische Handlungstheorien weit auseinander.

© Der/die Autor(en), exklusiv lizenziert durch Springer Fachmedien Wiesbaden GmbH, ein Teil von Springer Nature 2021
J. Strübing, *Grounded Theory*, Qualitative Sozialforschung,
https://doi.org/10.1007/978-3-658-24425-5_4

4.1   Das induktivistische Selbstmissverständnis

Hier zeigt sich allerdings vor allem in den frühen Selbstdarstellungen der Grounded Theory eine Divergenz, die in der Rezeption zu anhaltender Kritik und vielfältigen Missverständnissen geführt hat. Udo Kelle nennt es das „induktivistische Selbstmißverständnis" der Grounded Theory (Kelle, 1994, S. 341) und spielt damit auf den Umstand an, dass Glaser und Strauss selbst wiederholt den Eindruck erwecken, die Grounded Theory würde im Wege der Induktion zu theoriehaltigen Aussagen über die empirische Welt gelangen.

Die vehemente Gegenposition, mit der die beiden 1967 den umfassenden Geltungsanspruch der nomologisch-deduktiven Position bestritten, lud dazu ein und wurde gerne als *tabula rasa*-Position missverstanden.[2] Aus der pointiert vorgetragenen Kritik an einer der empirischen Arbeit vorausgehenden, diese aber prädominierenden theoretischen Rahmung auf Basis vorgängiger Theorie ebenso wie aus dem zugespitzten Alternativvorschlag einer rein induktiven, allein auf sorgfältiger Datenanalyse beruhenden Theoriegenese entstand der Eindruck, Grounded Theory fordere die Forschenden dazu auf, sich vor jedem Feldkontakt im Stile einer Katharsis ihres theoretischen Vorwissens vollständig zu entledigen und sozusagen ‚theorielos' das empirische Feld zu betreten. In einer kritischen Reflexion der Entwicklung der Grounded Theory gut 25 Jahre nach dem *Discovery*-Buch räumen Strauss und Corbin ein, dass das induktivistische Missverständnis.

> „als ein Resultat der ersten Vorstellung der Grounded Theory in Discovery entstanden
> ist, was zu einem dauerhaften und unglücklichen Missverständnis darüber geführt hat,
> worum es eigentlich ging. Wegen des in Teilen rhetorischen Zwecks des Buches und
> der Autoren Betonung der Erforderlichkeit empirisch gegründeter Theorien, haben
> Glaser und Strauss den induktiven Aspekt übertrieben dargestellt" (Strauss & Corbin,
> 1994, S. 277).[3]

Gerade die verschiedentlich auch von Strauss vertretene Vorstellung, theoretische Konzepte würden aus den Daten emergieren (vgl. etwa Strauss & Corbin, 1990, S. 23) hat zu der verbreiteten Kritik der Grounded Theory als einer induktivistischen Forschungsstrategie beigetragen (vgl. Kelle, 1996, S. 43). Das Konzept-Indikator-Modell (Glaser, 1978, S. 62; Strauss, 1991b, S. 54, vgl.

---

[2] Obwohl sie tatsächlich diese Position gleich zu Beginn des Buches in einer Fußnote ausdrücklich von sich weisen: „Selbstverständlich nähert sich der Forscher der Realität nicht als einer tabula rasa" (Glaser & Strauss, 1998, S. 13).

[3] Vgl. auch den selbstkritischen Hinweis von Strauss (1991b, S. 38).

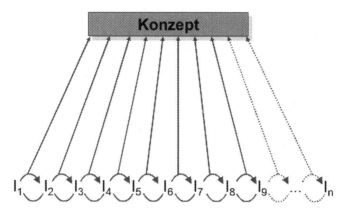

Abb. 4.1 Konzept-Indikator-Modell in der Grounded Theory

Abb. 4.1), demzufolge theoretische Konzepte aus einer Reihe von systematisch miteinander verglichenen empirischen Indikatoren generiert werden, hat diesen Eindruck nicht unwesentlich verstärkt. Eine typische Passage für die zumindest ambivalente Darstellungsweise bei Strauss und Corbin liest sich wie folgt:

„Empirisch gegründet ist eine Theorie, die induktiv aus der Untersuchung des Phänomens abgeleitet wird, für das sie steht. Das heißt sie wird entdeckt, entwickelt und vorläufig bestätigt (‚verified‘) durch systematische Sammlung und Analyse von Daten, die das Phänomen betreffen. Daher stehen Datengewinnung, Datenanalyse und Theorie in einer reziproken Beziehung zueinander. Man beginnt nicht einfach mit einer Theorie und prüft sie dann. Eher beginnt man mit einem Untersuchungsbereich und es kann emergieren, was relevant ist" (Strauss & Corbin, 1990, S. 23).[4]

Problematisch am Konzept-Indikator-Modell ist vor allem die aus der verkürzenden Schematik resultierende Vorstellung, Phänomene selbst seien Indikatoren für theoretische Konzepte. Indikatoren aber können aus Phänomenen erst durch das aktive Zutun des Beobachters/Forschers werden, indem dieser Phänomenen oder Aspekten von Phänomenen einen auf das theoretische Konzept verweisenden Sinn beimisst (das steckt im Grunde in dem Halbsatz „was relevant ist" im obigen Zitat). Unsere sinnlichen Eindrücke von einem Phänomen müssen also erst in

---

[4] Ich beziehe mich hier auf meine eigene Übersetzung das amerikanischen Originals, weil die publizierte deutsche Fassung den Aspekt induktiver Emergenz unangemessen abschwächt: „… was in diesem Bereich relevant ist, wird sich erst im Forschungsprozess herausstellen" (Strauss & Corbin, 1996, S. 8).

eine Art von Beobachtungssprache überführt und damit perspektivisch zugerichtet
werden.

Die häufige Betonung der Induktion als Erkenntnismodus der Grounded
Theory steht in auffälligem Kontrast zur weitgehenden Abwesenheit von Hinwei-
sen auf die Rolle von Abduktion bei der Datenanalyse und Theoriegenerierung.
Dieser Umstand ist angesichts der pragmatistischen Hintergrundphilosophie der
Grounded Theory besonders irritierend.

In seinem zentralen Lehrbuch nennt z. B. Strauss Abduktion lediglich ein
einziges Mal explizit und zwar in einer Fußnote, in der er sie als ein Konzept
bezeichnet, dass „die entscheidende Rolle hervorhebt, die die Erfahrung in der ersten Phase von Forschungsarbeiten spielt" (Strauss, 1991b, S. 38, Fn 2). Das klingt
nicht eben nach intimer Kenntnis der Peirceschen Schriften, denn wie wir im dritten Kapitel gesehen haben, besteht der entscheidende Beitrag in Peirce' Konzept
der Abduktion gerade in der Einsicht, dass neue Erkenntnis nur zu einem Teil auf
Erfahrung basiert (als „qualitative Induktion"), viel wesentlicher aber auf „abduktiven Blitzen", also jenen spontanen Einfällen, die sich gerade nicht auf Erfahrung
reduzieren lassen, sondern grundsätzlich eine neue Qualität in den Erkenntnispro-
zess bringen.[5] Gerade dieser Aspekt ist allerdings – in deutlichem Kontrast zur
Induktions-Rhetorik – auch eine zentrale Einsicht des Verfahrens der Grounded
Theory. Brian Haig merkt dazu kritisch an:

> „Glaser und Strauss sagen von empirisch gegründeter Theorie, dass sie in Übereinstim-
> mung mit der Methode des ‚ständigen Vergleichens' induktiv aus ihren Datenquellen
> emergiert. Als eine Methode des Entdeckens ist das ständige Vergleichen ein Amalgam
> aus systematischem Kodieren, Datenanalyse und Prozeduren theoretischen Samplings,
> das den Forscher in die Lage versetzt, interpretativ Sinn aus vielen der verschiede-
> nen Muster in den Daten zu gewinnen, indem theoretische Ideen auf einem höheren
> Abstraktionsniveau entwickelt werden, als die ursprünglichen Beschreibungen der
> Daten. Allerdings trägt die Idee des ständigen Vergleichens wenig dazu bei heraus-
> zufinden, ob der induktive Schluss statistisch, ausschließend, abduktiv oder von einer
> anderen Form ist." (Haig, 1995, Abs. 16).

Auch Haig stellt mit Verwunderung fest, dass nicht einmal Strauss in seiner
Diskussion von Induktion, Deduktion und Verifikation die Abduktion mit der
vermeintlich induktiven ‚Entdeckung' von Theorie in Verbindung bringt. Haig
insistiert hingegen, dass „es wichtig ist, Peirce' Hinweis zu folgen und den in die

---

[5] Erfahrung ist hier für *Peirce* allenfalls insofern von Bedeutung, als sie uns helfen kann,
Situationen herzustellen, die für das Auftreten dieser spontanen Einfälle besonders günstig
sind (vgl. Reichertz, 2000).

Theoriegenerierung involvierten kreativen Schluss als seiner Natur nach abduktiv zu kennzeichnen" (Haig, 1995, A17).

Es dürfte müßig sein, die Frage zufriedenstellend zu klären, weshalb Strauss die pragmatistischen Wurzeln seiner methodologischen Arbeiten so wenig differenziert darstellt und sie kaum auf die von ihm vorgeschlagenen Verfahren bezieht (dazu aber Bryant 2021 und Strübing 2019a). Als Hinweis mag uns hier genügen, dass seine Arbeitsweise ersichtlich eher die des Empirikers und weniger die des Sozialtheoretikers oder Geisteswissenschaftlers war, Theoriesystematik und Textexegese also nicht im Zentrum seiner Aufmerksamkeit standen.[6] Mir scheint aber wichtig festzuhalten, dass gerade jene Merkmale, in denen sich die Strauss'sche Fassung von Grounded Theory von der Variante Glasers unterscheidet (zyklisches Erkenntnismodell, Integration von nicht-prekärem Vorwissen mit der kreativen Interpretation neuer Wahrnehmungstatbestände, Perspektivität als Voraussetzung jedweder Erkenntnis, Methoden als pragmatische Heuristik statt als methodologischer Rigorismus), recht genau jene allgemeine Erkenntnishaltung beschreiben, die Peirce als abduktiv bezeichnet.

Die Überbetonung des induktivistischen Erkenntnismodus in der Selbstdarstellung der Grounded Theory weist dabei zwei problematische Aspekte auf: Die mangelnde Berücksichtigung der Rolle von Kreativität im Forschungsprozess und die ambivalente Beurteilung des Stellenwerts von theoretischem Vorwissen.

4.2 Grounded Theory und Kreativität

Betrachten wir zunächst den Aspekt der Kreativität. Obwohl gerade Strauss verschiedentlich den künstlerisch-kreativen Part der Forschenden im Forschungsprozess betont (z. B. Strauss, 1991b, S. 34), stellt der britische Methodologe Ian Dey nicht ganz zu Unrecht fest, die von Strauss und Glaser zumindest in *The Discovery* bezogene Position komme einer „devaluation of creativity" (Dey, 1999, S. 35) gleich. Dey verweist auf die mit der Entdeckungsmetapher einhergehende Darstellung der Theoriegenese im Passiv:

„Der Gebrauch des Passiv scheint den Forscher komplett außen vor zu lassen. Konzepte, Eigenschaften und deren Beziehungen scheinen fast automatisch aus den Daten

---

[6] Wenngleich er neben *Continual Permutations of Action* noch eine Reihe weiterer soziologiegeschichtlicher und sozialtheoretischer Arbeiten veröffentlicht hat (vgl. Strauss, 1991a, 1991c, 1994).

zu emergieren – obgleich Glaser und Strauss argumentieren, dass der Forscher ,theoretische Sensibilität' benötigt, um die Emergenz zu bemerken und zu registrieren" (1999, S. 35).

Im Unterschied zu anderen Unschärfen in der Darstellung der Grounded Theory (etwa in Bezug auf die Rolle theoretischen Vorwissens; s. u.) handelt es sich bei der Überbetonung von Induktion nicht um ein Problem, das allein der programmatisch überpointierenden Argumentationsweise in *The Discovery* geschuldet ist, denn selbst Strauss und Corbin bezeichnen – wie gezeigt – noch gut zwanzig Jahre später den Weg zu empirisch begründeten Theorien als einen induktiven.[7] Es geht an dieser Stelle nicht darum Textexegese zu betreiben, doch mögen Deys feinsinnige Beobachtung der Dominanz des Passiv in der Darstellung methodischer Prozeduren und die Tatsache einer auffälligen Betonung der Induktion uns als Hinweise zumindest auf eine gewisse Ambivalenz von Glaser, Strauss und Corbin gegenüber der Induktionsfrage gelten.

Diese Ambivalenz erklärt sich zu einem Teil aus dem methodenpolitischen Problem, die Grounded Theory gegenüber einem methodologischen Mainstream etablieren zu wollen, der die deduzierende Falsifikation von Hypothesen bzw. die vorläufige Verifikation von Theorien in den Mittelpunkt des Forschungsinteresses rückt. Dieser Orientierung setzen Glaser und Strauss einen Vorschlag entgegen, den sie grob unter den Gegenbegriff zur Deduktion, also unter den der Induktion fassen. In der Rhetorik methodologischer Debatten haben derartige Polarisierungen – wie sich an den Kontroversen zum ,Methodenschisma' in der empirischen Sozialforschung unschwer beobachten lässt – die Tendenz zur Verselbstständigung und zur Verleugnung ihrer Ursprünge.[8] In diesem Fall kommt hinzu, dass die Ursprünge hier durchaus heterogener Natur sind. Es sind nicht nur die differierenden wissenschaftstheoretischen Grundüberzeugungen von Glaser und Strauss, sondern auch der Kontrast zwischen forschungspraktisch inspirierter und angeleiteter Ausformulierung handhabbarer Regeln und deren (im

---

[7] Reichertz bringt Strauss' werkgeschichtlich eher späten Bezug auf die Abduktion mit einem Deutschland-Aufenthalt von Strauss in den frühen 1980er Jahren in Zusammenhang, bei dem dieser gerade mit Hans-Georg Soeffner, Fritz Schütze und Richard Grathoff in engem Kontakt stand, die sich just zu jener Zeit mit Abduktion beschäftigten (Reichertz, 2007, S. 226 f.). Doch für den insgesamt eher sporadischen und unsystematischen Widerhall des Abduktionskonzeptes in den methodologischen Schriften von Strauss bietet auch diese These keine Erklärung.

[8] Es kommt hinzu, dass Peirce' Verständnis von Abduktion erst in den letzten Jahren in seiner ganzen erkenntnispraktischen und methodologischen Tragweite rezipiert wurde. Zur Zeit der Entstehung von *The discovery* waren diese Teile des Peirceschen Werkes noch weitgehend unbekannt.

Wesentlichen nachträglicher) Legitimation mit erkenntnis- und wissenschaftstheoretischen Argumenten, die das Auftreten von argumentativen Brüchen und von
Inkonsistenzen im Begriffssystem begünstigen.

In der vergröberten Optik wissenschaftspolitischer Debatten um den ‚richtigen' Weg in der Methodenfrage erscheint Induktion als das Sinnbild all dessen,
was der nomologisch-deduktive Weg ausblendet oder zumindest marginalisiert,
insbesondere des Erfordernisses einer „systematischen Berücksichtigung von
Situationsdeutungen, Definitionsprozessen und individuellen Handlungsorientie-
rungen" (Kelle, 1994, S. 341). Von deren empirischer Konkretion auf theoretische
Modelle zu schließen, die die tatsächliche Differenziertheit und den Kontextreich-
tum der empirischen Welt konzeptionell zu fassen vermögen, erscheint auf den
ersten Blick als eine induktive Strategie, die vom Fall auf erklärende Regeln
‚schließt'.

Das Problem beginnt jedoch damit – und hier kommt Peirce ins Spiel –, dass
wir es dabei nicht mit einem Problem logischen Schließens, sondern zunächst
einmal mit einer Frage praktischer Erkenntnisfähigkeit zu tun haben. Und aus
dieser Perspektive zeigt sich recht schnell, dass jeder Versuch zu ‚erkennen' was
‚der Fall ist', immer schon jenes umfangreiche Klassifikationssystem voraussetzt,
das tief in unserer Sprache verankert ist und auf das wir nicht erst beim Benennen
von Phänomenen, sondern schon bei deren wahrnehmungspraktischer Auswahl
und Abgrenzung unweigerlich zurückgreifen.

Das uns verfügbare kognitive Gerüst ist zugleich verantwortlich für die
Grenzen unserer vor-problematischen Verstehensfähigkeit oder umgekehrt: Wahrnehmungsinhalte, die wir nicht im bestehenden System verorten können, werden
uns problematisch – vorausgesetzt, dass wir einen handlungspraktischen Bezug
zu ihnen herstellen wollen oder müssen. Der erkenntnispraktische Umgang mit
diesen noch unbenannten Wahrnehmungsinhalten ist durch induktives Zuordnen
zu bekannten Regeln und Begriffen – dem, was wir bei Peirce als „qualitative
Induktion" kennen gelernt haben – also nicht zu erfassen und erfordert jene kreative Eigenleistung, die im Pragmatismus mit der Metapher vom „abduktiven Blitz"
bezeichnet wird.

Die kreative Neuschöpfung von Bedeutungen und Zusammenhängen nicht in
den Vordergrund zu rücken, wenn man Verfahren für einen systematischen und
kontrollierten, d. h. wissenschaftlichen Zugang zu Wirklichkeit vorschlägt, ist
angesichts der erwartbaren Kritik auf den ersten Blick durchaus verständlich,
scheint doch allein die Erwähnung von Kreativität gerade die geforderte Systematik und Kontrolle des Verfahrens infrage zu stellen. Methodenpraktisch werden

wir von solch nachvollziehbar Vermiedenem jedoch unweigerlich wieder einge-
holt: Ohne den kreativen, riskanten Schluss auf Neues können wir neue Fragen
oder Probleme nicht lösen, sondern bleiben dem Altbekannten verhaftet.

Vor diesem Hintergrund erklärt sich das selbstkritische Statement von Strauss
und Corbin, man habe ursprünglich den induktiven Aspekt überbetont. Liest man
diese Passage (vgl. weiter vorn, S. 58) genau, dann fällt allerdings auf, dass
hier nur eingeräumt wird, die Rolle theoretischen Vorwissens zu wenig betont zu
haben. Die Notwendigkeit der aktiven Kreation neuer Bedeutungen und Zusammenhänge in Auseinandersetzung mit empirischen Daten wird erst gar nicht
thematisiert, eine Rehabilitation von Kreativität im Forschen findet nicht statt.

Festhalten können wir also, dass Konzepte und Kategorien nicht emergieren,
sondern vielmehr in einem aktiven und – hoffentlich – kreativen Prozess durch
Zutun der Forschenden erzeugt werden. Ganz so riskant wie es sich anhört ist
dieser Prozess jedoch nicht, weil der erkenntnispraktische Schluss mit der Neuschöpfung noch nicht abgeschlossen ist: Erst die experimentelle Bewährung, so
hatten wir bei Dewey gesehen, kann unseren Zweifel beseitigen. Auf empirische
Forschung gewendet bedeutet dies: Erst wenn das hypothetisch Theoretisierte sich
auch im Rahmen bestehender nicht-problematischer Wissensbestände bewährt,
sich mit diesem also zu neuen Wissensordnungen fügt, wird aus einem abduktiven
Schluss systematisch kontrolliertes neues Wissen.

4.3   Grounded Theory und theoretisches Vorwissen

Neben dem Problem der Kreativität im Forschungsprozess wirft die in der
Grounded Theory lange Zeit gepflegte Überbetonung des induktiven Erkenntnismodus die Frage nach dem Umgang mit Vorwissen und insbesondere mit
wissenschaftlich-theoretischem Vorwissen auf: Wenn Konzepte tatsächlich aus
den Daten „emergieren" sollen, wenn die Forschenden davon Abstand nehmen
sollen, ihren Daten vorgängige theoretische Konzepte über zu stülpen – dann
könnte daraus der Eindruck entstehen, über Vorwissen zu verfügen sei, wenn nicht
verwerflich, so doch mindestens hinderlich für die sachangemessene Analyse der
jeweiligen Daten. In der Tat nähren Glaser und Strauss in *The Discovery* diesen
Eindruck mit Ratschlägen wie diesem:

> „Es ist eine wirksame und sinnvolle Strategie, die Literatur über Theorie und Tatbe-
> stand des untersuchten Feldes zunächst buchstäblich zu ignorieren, um sicherzustellen,
> daß das Hervortreten von Kategorien nicht durch eher anderen Fragen angemessene

Konzepte kontaminiert wird. Ähnlichkeiten und Konvergenzen mit der Literatur können später, nachdem der analytische Kern von Kategorien aufgetaucht ist, immer noch
festgestellt werden" (Glaser & Strauss, 1998, S. 47).[9]

Übersehen wird bei dieser einseitigen Lesart allerdings das schon in dieser ersten
Schrift zur Grounded Theory eingeführte Konzept der *„theoretischen Sensibilität"* (Glaser & Strauss, 1967, S. 46 f.), über das die Vorstellung einer bereits
vor Beginn der jeweiligen Forschungsarbeit geprägten (theoretischen) Perspektive in den Ansatz der Grounded Theory integriert wird. Der Unterschied zu
nomologisch-deduktiven Verfahren liegt also nicht in dem unterstellten Verzicht
auf die Berücksichtigung vorgängiger Theorien, sondern vielmehr in einem veränderten Umgang mit jenem notwendig immer schon vorhandenen Vorwissen sowie
generell in einem Theorieverständnis, das die prinzipielle Unabgeschlossenheit
von Theorien stärker betont als strukturelle Verfestigungen.

In einem Kapitel, das der Idee des theoretischen Samplings gewidmet ist,
schreiben Glaser und Strauss wenige Seiten später:

> „Der Soziologe sollte des weiteren hinlänglich *theoretisch sensibel* sein, so daß er eine
> aus den Daten hervorgehende Theorie konzeptualisieren und formalisieren kann. Hat
> man erst einmal mit der Arbeit begonnen, entwickelt sich die theoretische Sensibilität
> kontinuierlich fort. Sie verfeinert sich immer weiter, solange der Soziologe in theo-
> retischen Termini auf seine Kenntnisse reflektiert und möglichst viele verschiedene
> Theorien daraufhin befragt, wie sie mit ihrem Material verfahren und (wie sie) konzi-
> piert sind, welche Positionen sie beziehen und welche Art von Modell sie gebrauchen"
> (1998, S. 54).

Hier wird deutlich, für wie voraussetzungsvoll Glaser und Strauss schon damals
– und entgegen aller Induktions-Rhetorik –den Prozess der Datenanalyse und
Theoriebildung halten. Ihr Plädoyer für „theoretische Sensibilität" zielt aber vor
allem darauf, sich nicht durch eine *ex ante* Orientierung an einer *bestimmten* theoretischen Perspektive so weit festzulegen, dass die Gewinnung neuer Einsichten
aus dem empirischen Material dadurch eingeschränkt wird. Hier dominiert noch
die Wahrnehmung vorgängigen theoretischen Wissens als eine Art ‚notwendiges
Übel', das es derart in die Untersuchung einzubinden gilt, dass es die angestrebten
induktiv-emergenten Prozesse nicht konterkariert.

---

[9] Glaser vertritt diese Position auch später noch vehement (Glaser, 1978, S. 31, vgl. auch
Kap. 5).

Erst später hat Strauss im Unterschied zu Glaser den Stellenwert von Vorwissen explizit positiv bewertet und sich dabei nicht auf bloß wissenschaftlich-theoretisches Vorwissen beschränkt, sondern ebenso Alltagswissen mit einbezogen (Strauss, 1991b, S. 36). Gemeinsam mit Corbin betont er wenige Jahre später noch entschiedener die Wichtigkeit der Integration von Vorwissen aus Fach- und sonstiger Literatur sowie aus beruflicher und persönlicher Erfahrung (Strauss & Corbin, 1996, S. 25 f.). Dabei stellen beide das Erfordernis heraus, dieses Vorwissen „kreativ und phantasievoll" zu nutzen, aber gleichzeitig den systematischen Bezug zu den Daten im Blick zu behalten. Es geht ihnen also darum, Vorwissen nicht als gültige Aussagen über die Welt (oder das interessierende empirische Phänomen), sondern als Anregung zum Nachdenken über die untersuchten Phänomene aus verschiedensten Blickwinkeln zu nutzen, also als Fundus „sensibilisierender Konzepte" in Blumers Sinne.[10]

Von *tabula rasa* also keine Spur. Kelle weist in seinem Aufsatz über die Bedeutung theoretischen Vorwissens in der Grounded Theory im Übrigen darauf hin, dass Straus und Glaser schon in ihren frühen medizinsoziologischen Studien, in denen sie die Grounded Theory als Verfahren ‚entdeckten', über wesentliche Kategorien für ihre empirische Arbeit bereits vorab verfügten, insbesondere über das Konzept des „Bewusstheitskontexts" (Kelle, 1996, S. 30).

4.4   Zum Begriff der Theorie bei Strauss

Wenn Strauss unter ‚Vorwissen' umstandslos wissenschaftliches wie alltägliches Wissen fasst, dann ist dies Ausdruck seiner aus dem Pragmatismus stammenden Überzeugung einer Kontinuität von Wissen: Es gibt keinen kategorial anderen Typ von Wissen, über den die Wissenschaft im Unterschied zur Alltagspraxis verfügt.[11] Damit geht ein entsprechend kontinuierlicher Begriff von Theorie einher:

---

[10] Strauss und Corbin widmen den möglichen und sinnvollen Verwendungsweisen von Literatur im Forschungsprozess sogar ein eigenes Kapitel in ihrem Lehrbuch (Strauss & Corbin, 1996, S. 31 ff.).

[11] Hier ergibt sich auf den ersten Blick ein Gegensatz zu Schütz' Vorschlag, die Konstruktionen der (Sozial-)Wissenschaften als „Konstruktionen zweiten Grades" von alltagsweltlichen Konstruktionen zu unterscheiden (Schütz, 2004, S. 159). Allerdings würde das pragmatistische Argument hier lauten, dass „Konstruktionen zweiten Grades", also Deutungen einer bereits gedeuteten Welt, nicht auf die Wissenschaften beschränkt, sondern alltägliche Praxis handelnder Gesellschaftsmitglieder sind.

Wissen ist im Kern immer schon theoretisch, und Alltagstheorien und wissenschaftliche Theorien bilden keinen harten Dualismus, sondern zwei Pole eines Kontinuums des Theoretisierens.

Strauss geht hier von Theorie in den Wissenschaften als generalisiertem und systematisiertem Teil jenes praxisrelevanten Wissensbestandes aus, auf dessen Basis eine jeweilige soziale Welt von Forschenden ihrer zentralen Aktivität nachgeht – und dabei diesen Wissensbestand kontinuierlich reformuliert. Empirische Sozialforschung setzt nun dort ein, wo dieser Wissensbestand prekär wird, wo unser Wissen nicht hinreicht, um in einem fraglichen Wirklichkeitsausschnitt kompetent handeln – im Fall der Wissenschaften also: erklären – zu können.

Weil die Gegenstände empirischen Forschens sich in kontingenter Weise entwickeln, ist auch der darauf bezogene Wissensbestand kontinuierlichem, mitunter sogar spontanem Wandel unterworfen. Aus diesem Verständnis von Theorie heraus wäre die Ableitung von Hypothesen aus gegebener Theorie und deren nachfolgende empirische Überprüfung zumindest in jenen Wirklichkeitsausschnitten ein höchst riskantes Unterfangen, die sich als besonders veränderungsintensiv erweisen. Es ist deshalb aber ebenso wenig erforderlich (geschweige denn möglich) sich in der empirischen Forschungsarbeit gegenüber vorgängigem Wissen zu immunisieren. Dies ist der Grund weshalb Strauss vorschlägt, an Blumers Idee der „sensibilisierenden Konzepte" (vgl. S. 35) anzuknüpfen und vorgängiges Wissen – gleichviel ob theoretisches oder praktisches – nicht als bindende Verlaufsprognose, sondern als Quelle der Inspiration für ein angemessenes Verständnis vorliegender Daten zu verstehen.

Die Betrachtung des Verhältnisses von Empirie zu Theorie bzw. von Daten zu Konzepten ist also nur in prozessualer Perspektive sinnvoll, denn mit der Erarbeitung des einen oder des anderen theoretischen Konzeptes endet die Arbeit der Forscherinnen keineswegs. Vielmehr ergeben sich aus den so erzeugten Konzepten und den zwischen ihnen angenommenen Beziehungen sogleich *ad hoc*-Hypothesen, die im weiteren Gang der Arbeit am empirischen Material zu prüfen sind. Sie werden hier – ganz wie es Dewey in seiner *Logik der Forschung* beschreibt – von ‚Zielen' zu ‚Mitteln', d. h. aus vorläufigen Ergebnissen werden heuristische Werkzeuge zur weiteren Ausdifferenzierung der entstehenden Theorie. Strauss kommt selten explizit auf diese ‚andere Seite' des Forschungsprozesses zu sprechen, das Moment des ‚Entdeckens' und ‚Entwerfens' von Konzepten aus Daten liegt ihm ersichtlich näher als der Aspekt des Prüfens und Absicherns. Nichtsdestotrotz ist in seinem Grundmodell des Forschungsprozesses immer auch diese Seite mitgedacht:

„Wissenschaftliche Theorien müssen zuerst entworfen, dann ausgearbeitet, dann überprüft werden. ... Die Begriffe, die wir bevorzugen, sind Induktion, Deduktion und
Verifikation. Mit Induktion sind Handlungen gemeint, die zur Entwicklung einer Hypothese führen ... Hypothesen sind sowohl vorläufig als auch konditional. Deduktion
heißt, daß der Forscher Implikationen aus Hypothesen oder Hypothesensystemen ablei-
tet, um die Verifikation vorzubereiten. Die Verifikation bezieht sich auf Verfahren, mit
denen Hypothesen auf ihre Richtigkeit überprüft werden, d. h. ob sie sich ganz oder
teilweise bestätigen lassen oder verworfen werden müssen. Mit Induktion, Deduktion
und Verifikation arbeitet der Forscher über die gesamte Dauer des Projektes" (Strauss,
1991b, S. 37).

Man könnte hier kritisch einwenden, der Stand der wissenschaftstheoretischen
Diskussion verbiete es mindestens seit Karl Poppers *Logik der Forschung* (1994)
von der Möglichkeit einer Verifikation von Theorien auszugehen, stattdessen sei
höchstens – nämlich dann, wenn Hypothesen der empirischen Überprüfung nicht
standhalten – eine Falsifikation möglich. Ein solcher, in der Perspektive des Kritischen Rationalismus durchaus zutreffender Einwand würde aber den Kern des
pragmatistischen Theoriebegriffs bei Strauss verfehlen: Weil Theorie als Prozess
verstanden wird und jede Formulierung einer Theorie immer nur provisorisch
ist, versteht er auch Verifikation eher im Sinne einer Prüfung der Plausibilität und Funktionsfähigkeit einer Theorie (zu einem gegebenen Zeitpunkt der
Untersuchung und bezogen auf einen mehr oder weniger begrenzten Untersuchungsbereich). Gemeinsam mit Corbin schreibt Strauss über den Theoriebegriff
der Grounded Theory:

„Theorie besteht aus plausiblen Beziehungen, die zwischen Konzepten und Reihen von
Konzepten vorgeschlagen werden. (Wenngleich nur plausibel können sie doch durch
fortgesetzte Forschung stabilisiert werden.) Ohne Konzepte kann es keine Aussage
geben und damit kein kumulatives wissenschaftliches (systematisch-theoretisches)
Wissen, das auf diesen plausiblen, aber der Überprüfung zugänglichen Aussagen
beruht" (Strauss & Corbin, 1994, S. 278).

Die beiden betonen hier gegen den Anfang der 1990er Jahre aufkommenden
Postmodernismus die Erforderlichkeit konsistenter, konzeptuell ausgearbeiteter
und überprüfter Theorien als *conditio sine qua non* jeder Wissenschaft. Zugleich
aber plädieren sie für eine Selbstbegrenzung des Anspruchs (nicht nur) sozialwissenschaftlicher Theorien. Im Hinblick auf das untersuchte Feld sollen sie
plausibel und ‚passend' („*fit*") sein (Corbin & Strauss, 2008, S. 305). *Plausibilität* meint dabei die Qualität der Beziehungen zwischen Theorie und Daten unter
Berücksichtigung der aktiven Rolle der Forschenden: „…Theorien könne immer

zurückverfolgt werden zu den Daten, aus denen sie hervorgegangen sind – innerhalb des interaktiven Kontext von Datengewinnung und Datenanalyse, in dem der Forscher ein gleichermaßen wichtiger Interaktant ist" (Strauss & Corbin, 1994, S. 278 f.). Es geht hier also nicht um eine universell-logische Beziehung zwischen Daten und Theorie, sondern um die Repräsentation dieser Beziehung in einer relevanten Perspektive. *„Fit"* hingegen bezieht sich auf die Brauchbarkeit, d. h. die Erklärungs- und Prognosefähigkeit der Theorie. Zwar wird einerseits grundsätzlich gefordert, dass gute Theorie als Ergebnis Grounded Theory-basierten Forschens prognosefähig sein müsse, doch wird dies zugleich einer wichtigen Einschränkung unterworfen:

> „Insoweit Theorie, die durch diese Methodologie (Grounded Theory; J. S.) entwickelt wurde, in der Lage ist, Konsequenzen und deren jeweilige Bedingungen anzugeben, kann der Theoretiker deren Prognostizierbarkeit zumindest in dem begrenzten Sinne behaupten, dass wenn anderswo annähernd ähnliche Bedingungen gelten, dann auch annähernd ähnliche Konsequenzen auftreten sollten" (Strauss & Corbin, 1994, S. 278).

Theorien liefern also in prognostischer Hinsicht immer nur Näherungswerte. Weil soziale Prozesse nicht durch (theoretisch zu extrapolierende) Faktoren determiniert sind, ist eine absolute Vorhersage auf Basis einer Theorie, und sei sie noch so gut, prinzipiell nicht denkbar.[12] Weil sowohl die Theorien als auch die soziale Wirklichkeit beständig im Fluss sind, bedarf das Verhältnis der beiden zueinander der *kontinuierlichen* Überprüfung und d. h. einer beständigen Weiterentwicklung der Theorie:

> „Weil sie (Grounded Theories; J. S.) die Interaktion vieler Handelnder umfassen und weil sie Zeitlichkeit und Prozess betonen, weisen sie eine erstaunliche Fluidität auf. Sie fordern zur Erkundung jeder neuen Situation heraus, um zu sehen ob sie passt, wie sie passen könnte und inwiefern sie eventuell nicht passen möchte. Sie erfordern eine Offenheit auf Seiten des Forschers, die auf dem ewig vorläufigen Charakter einer jeden Theorie basiert" (Strauss & Corbin, 1994, S. 279).

Der grundsätzlich nur provisorische Charakter von Theorien ist ein Prinzip von Strauss' Theorietechnik, das nicht von ungefähr an die von Dewey konzipierte, iterativ-zyklische Untersuchungslogik erinnert (vgl. Dewey, 2002, S. 127 ff.). Analog zu Strauss' Dreischritt Induktion – Deduktion – Verifikation geht es bei Dewey um 1) das Entwickeln von Ideen und Vorstellungen auf der Basis der vorliegenden Daten *(„ideas", „suggestions")*, 2) die denkexperimentelle und logische Ableitung erwartbarer Konsequenzen *(„reasoning")* und 3) deren experimentelle

---

[12] Hier würde im Übrigen auch der kritische Rationalismus nicht widersprechen.

Überprüfung unter Rekurs auf erprobendes Handeln in der sozialen Wirklichkeit (*„experiment"*). Was bei *Strauss* „Verifikation" heißt, ist bei *Dewey* experimentelles Handeln. Gemeinsam ist beiden, dass sie diesen Schritt nicht als einen der eigentlichen Untersuchung nachgelagerten „finalen" Prüfvorgang verstanden wissen wollen, sondern als eine immer wieder zu durchlaufende integrale Prozessetappe des wissenschaftlichen Erkenntnisprozesses, deren Ergebnisse wiederum das Ausgangsmaterial der folgenden Forschungszyklen bildet. Der Sinn jener weiter oben dargestellten Parallelität der Arbeitsschritte von Datenerhebung, Analyse und Theoriebildung (vgl. Abb. 2.1) verweist auf den gleichen Zusammenhang, wenn auch auf arbeitsprozessualer Ebene.

Es zeigt sich also, dass die Grounded Theory in der Fassung von Strauss einen pragmatistischen Theoriebegriff zu Grunde legt, der sich durch Prozessualität und Perspektivität auszeichnet. Vor dem Hintergrund dieser Theoriekonzeption aber kann empirisches Forschen weder auf theoretisches Vorwissen noch auf kreative und riskante Neuschöpfungen von Konzepten verzichten. Zentral für den methodologischen Anspruch des Theoriebegriffs ist bei Strauss allerdings die Vorstellung eines Gleichgewichts zwischen kreativer Neuschöpfung und systematischer, experimentell orientierter Verifikation von als vorläufig verstandenen Theorien. Mit Strauss' Verständnis von Qualitätssicherung und Güteprüfung befasst sich das sechste Kapitel eingehender. Zunächst aber gilt es im folgenden Kapitel die bislang verstreuten Hinweise auf den methodologischen Dissens zwischen Glaser und Strauss in einen systematischen Zusammenhang zu bringen und die Bedeutung dieses Dissens für eine Konsolidierung des Methodenvorschlags herauszuarbeiten.

Glasers Angriff auf Strauss und Corbin als Ausdruck fundamentaler sozialtheoretischer und erkenntnislogischer Differenzen

5

Im Jahre 1992 veröffentlichte Barney G. Glaser im Eigenverlag ein kleines Buch mit dem Titel *Emergence vs. Forcing. Basics of Grounded Theory Analyses.* Dieses Buch dokumentiert öffentlich den massiven Bruch, zu dem es 1990, zum Zeitpunkt der Erstveröffentlichung von *Basics of Qualitative research,* zwischen Strauss und Glaser gekommen ist. In der Einleitung zu *Emergence vs. Forcing* geht Glaser sogar so weit, dass er zwei seiner Briefe an Strauss abdruckt, in denen er diesen in rüdem Ton beschuldigt, sich einseitig die Konzeption der gemeinsam entwickelten Grounded Theory angeeignet und sie zugleich in unzulässiger Weise verfälscht zu haben. Mit Blick auf das Buch von Strauss und Corbin gipfeln Glasers Vorwürfe in einer bemerkenswerten Forderung: „Ich ersuche Dich das Buch (Grundlagen qualitativer Sozialforschung) zurückzuziehen. Es verzerrt und verkennt die Grounded Theory, während es 90 % ihrer wichtigen Ideen krass vernachlässigt" (Glaser, 1992, S. 2). Für die Einleitung eines wissenschaftlichen Buches ist das fürwahr starker Tobak, und auch was Glaser an anderer Stelle in diesem Buch (1992, S. 125 f.) über Juliet Corbin schreibt, ist schwer nachvollziehbar und entspricht nicht den akademischen Gepflogenheiten.

Strauss hat auf diese gravierenden persönlichen und wissenschaftlichen Anwürfe nie öffentlich geantwortet,[1] einesteils weil er kein Freund wissenschaftlicher Dispute war (Corbin, 1998, S. 121), aber wohl auch, weil Glasers Kritik so offensichtlich haltlos ist. Glaser wiederum hat nach dem Tod von Strauss (1996) durch die Gründung eines privaten „Institute for Grounded Theory" versucht, seinen Alleinvertretungsanspruch für das Verfahren der Grounded Theory zu festigen und das eigene Verständnis von Grounded Theory als das autoritative zu

---

[1] Vgl. aber das interne Memo von Strauss aus dem Jahre 1995, das Corbin 1998 posthum publik gemacht hat.

© Der/die Autor(en), exklusiv lizenziert durch Springer Fachmedien Wiesbaden GmbH, ein Teil von Springer Nature 2021
J. Strübing, *Grounded Theory*, Qualitative Sozialforschung,
https://doi.org/10.1007/978-3-658-24425-5_5

etablieren. Sukzessive sind so aus dem von Glaser und Strauss 1967 gemeinsam unterbreiteten Vorschlag zur Grounded Theory zwei in wichtigen Punkten gravierend voneinander verschiedene Verfahrensvorschläge auf der Basis weitgehend divergenter methodologischer und sozialtheoretischer Positionen entstanden. Diese Einschätzung ist durchaus umstritten, so postulieren Mey und Mruck (2009, S. 101): „Trotz dieser Weiterungen und Differenzierungen ist es nach wie vor zutreffend, von der GTM [Grounded Theory-Methodologie; J.S.] zu sprechen". Im Unterschied zu dieser Position wird hier vertreten, dass die Geltungsbegründungen, auf die sich Glaser und Strauss jeweils berufen, zu weit auseinander liegen und sich sogar partiell widersprechen, als dass Forscherinnen, die sich auf GT als Verfahren berufen, umhin kämen, sich für die eine oder die andere der beiden Varianten zu entscheiden. Dies bedeutet allerdings nicht, dass auf der Ebene praktischer Datenanalyse nicht Verfahrenselemente von der einen in die andere Variante übernommen werden können.

Während es wenig Sinn macht, die persönlichen Divergenzen zwischen Glaser und Strauss bzw. Glaser und Corbin hier genauer auszuleuchten und eine Rekonstruktion von wissenschaftlicher Schulenbildung und der damit verbundenen Abgrenzungsdiskurse eher von wissenschaftssoziologischem Interesse wäre, ist es in jedem Fall lohnend, die mittlerweile offenbar gewordene Gegensätzlichkeit der wissenschaftlichen Positionen der beiden Begründer der Grounded Theory etwas eingehender zu betrachten. Zu fragen ist also, welche methodologische Position Glaser für sich reklamiert und mit welchen Argumenten er von dort aus die von Strauss vertretene Variante von Grounded Theory kritisiert. Typischerweise werden die Auseinandersetzungen zwischen Vertretern unterschiedlicher wissenschaftlicher Positionen als Kontroversen aufgefasst und dargestellt. Dies bietet sich im vorliegenden Fall jedoch nicht an, denn obwohl es deutlich gegensätzliche Positionen gibt, fehlt hier ein typisches Merkmal einer wissenschaftlichen Kontroverse: Weil Strauss öffentlich nie auf Glasers Polemiken geantwortet hat, ist es in der Folge nicht zu einem Austausch von Argumenten gekommen. Stattdessen haben sich zwei ko-existierende Richtungen der Grounded Theory etabliert, die beide das gleiche Label für sich beanspruchen.[2] Dies

---

[2] Grounded Theory ist keine kanonische Lehre, Glaser und Strauss haben – mit sehr unterschiedlichen Akzenten – den offenen Arbeitsstil-Charakter ihres Verfahrens und dessen Anpassungsbedürftigkeit an die Umstände des jeweiligen Forschungsvorhabens betont. So ist es mittlerweile zu einigen bereits erwähnten, aber an dieser Stelle nicht näher zu betrachtenden Varianten und Neuinterpretationen (Dey, 1999; Charmaz, 2006; Clarke, 2004) gekommen (vgl. dazu aber Kap. 7). Auch gibt es immer wieder Versuche, die GT mit anderen Verfahren zu kombinieren, so etwa Hildenbrand (2005) mit der Objektiven Hermeneutik, Breuer/Muckel/Dieris (2017) mit Methoden der Selbstreflexion oder – schon früh

führt in Methodendiskussionen immer wieder zu einiger Konfusion. Bei For-scher(innen), die sich zur Erläuterung ihres methodischen Vorgehens pauschal auf „die" Grounded Theory beziehen, kann man höchstens mit Blick auf die Referenz-literatur unterscheiden, welche Traditionslinie tatsächlich gemeint ist. Oft genug gibt die Art, in der Forschende sich in ihren Studien oder in methodischen Schrif-ten auf Grounded Theory beziehen, Anlass zu der Vermutung, dass sich sie sich der gravierenden Unterschiedlichkeit der beiden Richtungen gar nicht bewusst sind (Bartlett & Payne, 1997).

Der Blick auf die Gegensätze in den beiden Positionen von Glaser und Strauss ist damit zugleich eine willkommene Gelegenheit, die hier vertretene pragmatistisch-interaktionistische Variante der Grounded Theory noch schärfer zu konturieren.

Glaser und Strauss entstammen – und das erscheint für die Genese des Konflik-tes von zentraler Bedeutung – sehr unterschiedlichen intellektuellen Traditionen. Strauss haben wir bereits als führenden Vertreter eines pragmatistisch reformu-lierten Interaktionismus kennen gelernt. Er hat seine akademische Ausbildung in den späten Jahren der Chicago School vor allem bei Herbert Blumer sowie spä-ter bei Everett C. Hughes genossen und dabei sowohl die Theorieorientierung als auch die qualitativ-interpretative Forschungstradition dieser von Thomas und Park geprägten ‚Schule' kennen gelernt (Strübing, 2007a). Glaser hingegen erhielt seine Ausbildung an der von Paul Lazarsfeld und Robert K. Merton gegrün-deten und geprägten ‚Columbia School' mit ihrer eher kritisch-rationalistisch orientierten und vorwiegend quantifizierenden Forschungsmethodik.

– Schütze (1983) mit Methoden der Narrationsanalyse. Mich interessiert hier jedoch allein die Aufspaltung des ursprünglichen, von den beiden Gründern zunächst gemeinschaftlich vertretenen Verfahrensmodells in zwei Varianten sowie die darin sichtbar werdende grundle-gend unterschiedliche methodische Ausgangsposition von einerseits Glaser und andererseits Strauss.

Glaser selbst konstatiert einen erstaunlich großen Überschneidungsbereich zwischen beiden Schulen, so etwa die Notwenigkeit von Feldforschung für ein angemessenes Verständnis sozialer Prozesse, die Bedeutung von empirisch begründeter Theorie, die Prozesshaftigkeit der Erfahrung, die Akteure wie Forschende im Feld fortgesetzt machen, die Rolle symbolischer Interaktion bei der aktiven Gestaltung der Umwelt durch die Akteure sowie die Betonung von Wandel, Prozessualität und Variabilität der menschlichen Existenz. Für die Chicagoer Tradition benennt er indes einen sechsten Punkt, von dem er sich ausdrücklich abgrenzt: „die Wechselbeziehung zwischen Bedeutung in der Wahrnehmung von Subjekten und ihrem Handeln" (Glaser, 1992, S. 16). Dabei bleibt jedoch offen, warum aus Glasers Sicht dieser Punkt – der dem Kern des Thomas-Theorems entspricht und in der Soziologie weitgehend als Common Sense gelten darf – für die Columbia-Tradition nicht konsensfähig sein soll, zumal, wie Strauss in besagten Memo vermerkt, gerade dieser sechste Punkt das zentrale Moment jener „Probleme der Handelnden" ist, auf die die Grounded Theory sich Glasers Meinung nach beziehen soll (zit. n. Corbin, 1998, S. 126) und die Strauss und Corbin mit der Orientierung auf „Phänomene" laut Glaser aus dem Blick zu verlieren drohen.

Die tatsächlichen Gegensätze zwischen Chicago und Columbia School liegen aber wohl eher in der kritisch-rationalistischen Orientierung der letzteren gegenüber der in weiten Teilen eher pragmatistischen Ausrichtung der Chicagoer Soziologie. Diese Prägung durch so unterschiedliche theoretisch-methodische Schulen hat Nachwirkungen, die bis in die neueren methodischen Schriften der beiden Autoren zu bemerken sind. Dabei versteht Glaser *grosso modo* das ganze Projekt der Grounded Theory als im Kern vom Geist der Columbia School durchdrungen:

> „Es ist unerlässlich festzuhalten, dass die Grundlagen der Grounded Theory, die ihr unterliegende Methodologie, in großem Umfang auf der analytischen Methodologie und auf Prozeduren beruht, die von Forschern und Studenten der Fakultät für Soziologie und des Büros für angewandte Sozialforschung an der Columbia-Universität in den 1950er und 1960er Jahren mühsam entdeckt wurden" (Glaser, 1992, S. 7).

Glaser hat dabei vor allem die ‚Methode des ständigen Vergleichens' im Sinn, die sich aus zwei Quellen speiste: Zum einen aus den Erfahrungen mit Vergleichsheuristiken, die Strauss in Feldforschungsprojekten mit Hughes ab den späten 1950er Jahren sammeln konnte, zum anderen aber auch aus der stark auf Systematisierung ausgerichteten Forschungspraxis an der Columbia School unter Merton, die nun Glaser in der gemeinsamen Arbeit mit Strauss in San Francisco repräsentierte. Glaser war es auch der die Methode des ständigen Vergleichens schon vor dem *Discovery*-Buch eigenständig, wenngleich als Resultat einer gemeinsamen Forschungspraxis mit Strauss, veröffentlicht hat (Glaser, 1965). Für ihn ist das ständige Vergleichen der zentrale Kern des Grounded Theory-Verfahrens. Auch wenn Strauss die zentrale Bedeutung von Vergleichsheuristiken in seiner Fassung von Grounded Theory im Wesentlichen anerkennt, würde er doch der These der zentralen Fundierung der Grounded Theory in den methodologischen Erkenntnissen der Columbia School vehement widersprechen, weil damit nur der methodentechnische, nicht aber der methodologische Kern des Verfahrens benannt ist – Strauss notiert dazu: „Obwohl wir das Gleiche tun, erheben wir doch nicht den gleichen Anspruch" (zit. n. Corbin, 1998, S. 126) – und weil zum anderen die fallbezogene Vergleichsheuristik auch ein zentrales Merkmal der von Znaniecki im Kontext der Chicago School geprägten Analytischen Induktion (Znaniecki, 2004) sowie der erwähnten Feldforschungspraxis des Everett C. Hughes in den 1950er Jahren war (Hughes, 1971).

Vor diesem divergenten Hintergrund basiert das *Discovery*-Buch im Grunde auf dem kleinsten gemeinsamen Nenner der beiden Autoren, ihrer pointierten und wohlbegründeten Kritik an einer positivistisch-funktionalistischen, an den Kriterien ‚objektiver' Wissenschaften orientierten Sozialforschung. Wenn es aber darum geht, die eigene erkenntnistheoretische Grundposition positiv zu bestimmen, dann zeigt sich, wie nahe Glaser immer noch einer *tabula rasa*-Position rein induktiver Erkenntnis steht, die (notwendig) auf der Vorstellung einer schon existenten, absoluten Realität basiert. Glaser bleibt bei seiner heftigen Ablehnung der forschenden Bezugnahme auf theoretisches Vorwissen zugleich merkwürdig inkonsequent, denn er propagiert z. B. – im Gegensatz zu Strauss und dessen allgemeiner Heuristik des „Kodierparadigmas" – ein großes Set „theoretischer Kodefamilien" als eine universelle Folie, auf deren Basis die gegenstandsbezogenen Kodes des aktuellen Falles in theoretische Konzepte überführt werden sollen. Bei Lichte betrachtet wird an diesem Punkt bei Glaser die Orientierung an theoretischem Vorwissen gegenüber der Strauss'schen Position sogar noch geschärft – obwohl sie seinem eigenen Verständnis zufolge doch minimiert werden müsste.

Strauss andererseits, der sich in seinen eigenen Werken kaum explizit von Glaser abgegrenzt hat, geht von der beschriebenen pragmatistischen Position aus, bei der zwischen dem steten Fluss der „world in the making" und dem erkennenden Subjekt ein Verhältnis wechselseitiger Konstitution besteht. Als Forscherinnen – ebenso wie als Alltagsmenschen – erschaffen wir unsere (Erkenntnis-)objekte wie uns selbst in praktisch-experimenteller Auseinandersetzung mit der Welt. In der Grounded Theory Strauss'scher Prägung werden die Forschungsobjekte ebenso wie die zwischen ihnen bestehenden Relationen in diesem Prozess konstruiert. Allerdings geschieht dies weder willkürlich (also rein mental und unabhängig von der ‚Welt da draußen'), noch auf der Basis eines dominanten theoretischen Vorverständnisses, sondern in einem kleinteiligen Prozess praktischen Experimentierens mit denkbaren Erklärungen (Strübing, 2007b).

Doch es wird nötig sein, die Differenzen zwischen Glaser und Strauss etwas genauer herauszuarbeiten, um einschätzen zu können, wie gravierend die methodischen Unterschiede tatsächlich sind, die zumindest für Glaser offenbar bestehen. Der Titel von Glasers Polemik gegen Strauss und Corbin ist hier ein erster, recht aussagekräftiger Indikator. *Emergence vs. Forcing:* Während Glaser seiner eigenen Verfahrensvariante die Eignung zuschreibt, Theorie aus den empirischen Daten – und nur aus ihnen – ‚ungezwungen' emergieren zu lassen, führen die Vorschläge, die Strauss und Corbin unterbreiten,[3] nach seiner Überzeugung dazu, die Daten in das Prokrustesbett einer implizit schon vorgedachten Theorie des Gegenstandes zu zwingen. In dieser Generalthese stecken zwei Aussagen, die es durchaus zu hinterfragen lohnt: a) Wird die Möglichkeit rein auf Daten basierender Emergenz unterstellt und b) wird dem Rekurs auf theoretisches Vorwissen unterschiedslos ein die Theorie des Gegenstandes präformierender Einfluss unterstellt.

5.1   Emergenz von Theorien aus Daten

Glasers Position zu Emergenz kommt besonders deutlich in dem bereits erwähnten Konzept-Indikator-Modell (s. S. 52) zum Ausdruck, in dem er die grundlegenden Bezüge zwischen Empirie und Theorie, zwischen Daten und Konzepten darstellt. Wenngleich der Grundgedanke bereits in Glaser (1965) enthalten ist, formuliert er das Konzept-Indikator-Modell doch erst in *Theoretical sensitivity* ausdrücklich:

---

[3] Die polemische Kritik Glasers setzt interessanterweise erst zum Zeitpunkt der gemeinsamen Publikation des Lehrbuchs von Strauss mit Juliet Corbin ein, während er das wenige Jahre zuvor von Strauss allein publizierte, inhaltlich weitgehend identische, wenn auch didaktisch weniger stark aufbereitete Strauss-Buch *Qualitative Analysis for Social Sciences* weitgehend von seiner Kritik ausnimmt. Soweit Glaser damit den streckenweise simplifizierenden und aufs Technische reduzierenden Duktus der Verfahrensexplikation im *Basics*-Buch kritisiert, steht er mit seiner Kritik nicht allein (Charmaz, 2006; Hildenbrand, 2004; Strübing, 2006). Er schießt jedoch weit über das Ziel hinaus, wenn er Kernbestandteile des Strauss'schen Vorschlags diskreditiert.

„Unser Konzept-Indikator-Modell basiert auf dem fortgesetzten Vergleichen von (1) Indikator zu Indikator und dann, wenn ein konzeptueller Kode entwickelt wurde, (2) ebenso dem Vergleichen von Indikatoren zum emergierenden Konzept. Durch das Vergleichen von Indikatoren miteinander ist der Analytiker genötigt, Ähnlichkeiten, Unterschiede und Grad der Konsistenz von Bedeutungen zwischen Indikatoren in Betracht zu ziehen, was eine grundlegende Einheitlichkeit erzeugt, die wiederum in kodierten Kategorien und deren ersten Eigenschaften mündet. Durch die Vergleiche weiterer Indikatoren mit den konzeptuellen Kodes wird der Kode so präzisiert, dass er den besten ‚fit' erreicht, während zugleich so lange weitere Eigenschaften entwickelt werden, bis der Kode verifiziert und saturiert ist" (Glaser, 1978, S. 62).

Glaser grenzt seine Variante eines Konzept-Indikator-Modells von zwei anderen Varianten ab (dem Konstruieren von Indizes sowie dem Bilden von Dimensionen aus Indikatoren-Clustern in der quantitativen Forschung) und betont die Bedeutung der von ihm vorgeschlagenen Variante für die Funktionsweise der Grounded Theory:

„Konzepte und ihre Dimensionen (…) haben sich ihren Weg in die Theorie durch systematische Generierung aus den Daten gebahnt. Dies kann man als dem einfachen Gebrauch von Standardunterscheidungen aus der allgemeinen Soziologie, so als ob diese relevant sein müssten, entgegengesetzt betrachten" (Glaser, 1978, S. 63 f.).

Es handelt sich hier also um nichts anderes als die schon von Blumer (1954) formulierte Kritik an definitiven Konzepten, die ohne Prüfung ihrer fallbezogenen Relevanz auf die aktuelle Empirie angewendet werden. Soweit ist Glasers Abgrenzung durchaus plausibel. Doch welche Alternative bietet er an? Handelt es sich tatsächlich um einen so diametralen Gegenentwurf, wie er behauptet? Während die beiden von ihm kritisierten Modelle sich laut Glaser lediglich auf die Bedeutung von Indikatoren beziehen, ohne diese Bedeutung selbst indes zu analysieren, fokussiere sein Modell ausschließlich auf diese Bedeutung (Glaser, 1978, S. 63). Doch vom Bemühen um eine deutliche Abgrenzung seiner eher inhaltlichen Orientierung von der vermeintlich eher formalen herkömmlicher Induktionsmodelle getrieben, gerät Glaser hier in die beschriebene Falle eines naiven Induktivismus, weil er den Vorgang des Vergleichens empirischer Indikatoren in erkenntnislogischer Perspektive nicht analytisch hinterfragt. Auf diesem Weg hätte ihm kaum entgehen können, dass empirische Indikatoren einander nicht selbst vergleichen können, ja nicht einmal durch sich selbst zu Indikatoren werden: Es bedarf dazu immer schon kognitiver ‚Werkzeuge' die – mehr oder weniger stark, mehr oder weniger explizit – theoriegeladen sind. Die Selektivität unserer Wahrnehmung beim analytischen Zugriff auf die Daten sowie die sprachlichen Mittel zur vergleichenden Darstellung als relevant erachteter Eigenschaften der zu vergleichenden

Indikatoren: All dies kommt ohne ein gewisses Maß an theoretischer Vorprä-
gung nicht aus und steht somit der Idee reiner Emergenz von Konzepten aus
Indikator-zu-Indikator-Vergleichen und von Theorie aus Empirie entgegen.

5.2 Glasers impliziter Rekurs auf theoretisches Vorwissen

Über diese implizite Verletzung seiner eigenen Kernforderung geht Glaser jedoch
noch hinaus, indem er explizit allgemeine sozialtheoretische und erkenntnislogische Konzepte in die Analyse der Daten einfließen lässt und zur Grundlage dessen
macht, was er „theoretisches Kodieren" nennt. Für ihn müssen die substantiellen
Kodes, die im offenen Kodieren vor allem entwickelt werden und die ‚empirische Substanz' des Forschungsfeldes repräsentieren, mit Hilfe von „theoretischen
Kodes" zueinander in Beziehung gesetzt werden: „theoretische Kodes konzeptua-
lisieren, wie gegenstandsbezogene Kodes im Sinne einer Hypothese miteinander
in einer Beziehung stehen könnten, die in die Theorie zu integrieren wäre" (Glaser, 1978, S. 72). Erst substantielle und theoretische Kodes zusammen sind in der
Lage, den Sinn untersuchter Zusammenhänge adäquat auszudrücken.

   Zwar schreibt Glaser auch theoretischen Kodes Emergenz zu, doch ist es
ihm offenbar nicht ganz ernst damit, denn schon wenige Sätze später spricht er
davon, dass „es für den Grounded Theory-Forscher notwendig ist, viele theoretische Kodes zu *kennen,* um die Feinheiten der Beziehungen in den Daten sensibel
genug zu übertragen" (Glaser, 1978, S. 72, meine Hervorhebung). Es geht also
hier nicht wirklich um Emergenz theoretischer Konzepte, sondern um sozialtheoretische Strukturen, die den Forschenden *a priori* kognitiv verfügbar sind, also
um theoretisches Vorwissen. Glaser geht davon aus, dass die meisten Forscher
sich gewohnheitsmäßig auf nur sehr wenige theoretische Konzepte fokussieren
(„Die Kodes, in die sie indoktriniert wurden"; 73) und will mit dem Vorschlag
einer Liste von 18 (!) „Kodierfamilien" den theoretischen Horizont der Forscherinnen erweitern. Diese Kodierfamilien enthalten so allgemeine Konzepte wie
„Gründe, Kontext, Kontingenzen, Konsequenzen, Kovarianz und Bedingungen"
(1978, S. 74) oder „Grenzen, Reichweite, Intensität, Ausmaß, …" (1978: 75), aber
auch stärker sozialtheoretisch basierte Konzepte wie „Soziale Kontrolle …, Rekru-
tierung, …, Sozialisation …, Schichtung …, Statuspassage …" (Glaser, 1978,
S. 77).

   Das Arbeitsmittel der Kodierfamilien ist für unsere Diskussion der Divergenzen zwischen Glaser und Strauss besonders interessant. Denn in *Emergence
vs. Forcing* macht Glaser Strauss und Corbin insbesondere deren Vorschlag
des Kodierparadigmas (vgl. S. 44) zum Vorwurf, weil dieses dazu führe, den

Daten eine theoretische Struktur überzustülpen, die den Daten möglicherweise nicht angemessen ist. Tatsächlich aber legt Glaser den Forschenden mit seinem Verfahrensvorschlag schon in seiner Kodierfamilie „The six C's" fast alle jene Heuristiken als theoretische Kodes nahe, die Strauss und Corbin im Kodierparadigma in Frageform vorschlagen: Ursachen, Kontext, Konsequenzen, Bedingungen. Der Unterschied ist hier ein doppelter und in gewissem Sinne ein gegenläufiger: Auf der einen Seite bildet seine Liste theoretischer Kodierfamilien eine deutlich größere Bandbreite an Konfigurationen, Mustern und Dimensionen ab, innerhalb derer die Forschenden dann die ihren Daten angemessensten auswählen und nutzen sollen.

Wo andererseits aber das Kodierparadigma bei Strauss und Corbin nur den Charakter einer pragmatischen Heuristik hat,[4] zielt Glaser schon auf die Rahmung der Kodierperspektive durch die Vorgabe einer als weitgehend vollständig (wenngleich nicht völlig abgeschlossen) verstandenen Liste soziologischer Basiskonzepte. Dies wird besonders deutlich, wenn Glaser auf ein von ihm als „basic social process" bezeichnetes Konstrukt rekurriert, das aus seiner Sicht den Kern des theoretischen Kodierens bildet und das er und seine Koautoren mit Webers „Idealtypen" und Schütz' „Homunculus" auf einer Stufe sehen möchten (Bigus et al., 1994, S. 38). Ähnlich wie bei Strauss mündet auch bei Glaser das Kodieren allmählich in die Suche nach einer Kernkategorie, die es erlaubt, die am Material entwickelte analytische Struktur auf ein zentrales Konzept hin zu fokussieren und damit die verschiedenen Elemente zu einer in sich verbundenen Theorie zu integrieren. Als eine besondere Klasse von Kernkategorien bezeichnet Glaser jene Kategorien, die Prozesse repräsentieren:

> „Die Kernkategorie kann irgendeine Art von theoretischem Kode sein, zwei Dimensionen, eine Konsequenz und so weiter. Handelt es sich um einen Prozess, so sind zusätzliche Kriterien anwendbar" (Glaser, 1978, S. 96).

Diese Klasse von prozessbezogenen Kernkategorien ist es, die Glaser als „basic social process" (BSP) bezeichnet. „BSP's sind einfach ein Typ von Kernkategorie – es sind also alle BSP's Kernvariablen, aber nicht alle Kernvariablen sind BSP's" – sondern nur solche, die „zwei oder mehr emergente Phasen aufweisen" aufweisen (1978, S. 96).[5] Indem alle BSP's zu Kernkategorien deklariert werden,

---

[4] Strauss notiert dazu: „Wir verfahren mit dem Paradigma epistemologisch, d. h. als logisches Diagramm, nicht als eines, das sich auf die tatsächlichen Abfolgen von Forschungsschritten bezieht" (zit. n. Corbin, 1998, S. 126).

[5] Auch hier bemüht Glaser wieder das Bild der Emergenz, allerdings ohne dies näher zu erläutern.

bekommt dieser Begriff eine andere Bedeutung und einen anderen Status als bei Strauss und Corbin. Während diese vorschlagen, erst aus der Arbeit am Material allmählich jene ein oder zwei für die Erklärung des Phänomens zentralen Kategorien neu zu entwickeln, auf die hin im Wege des selektiven Kodierens die gesamte analytische Struktur orientiert wird, haben Kernkategorien bei Glaser einen definitiven Charakter: Sie sind ‚immer schon' Kernkategorien, ganz unabhängig vom aktuellen empirischen Phänomen und werden dann nur noch im Sinne einer erklärenden Variable den im offenen Kodieren entwickelten Kategorien appliziert. Das ist in letzter Konsequenz die Denkungsart einer strukturfunktionalistischen ‚Variablensoziologie'.

Doch davon einmal abgesehen: Was macht nun die als BSP bezeichnete Sorte prozessualer Kernkategorien zu „*basic* social processes"? Glaser notiert dazu:

> „Sie haben auch klare und erstaunlich allgemeine Implikationen; so sehr, dass es schwierig ist, sie innerhalb der Grenzen der Untersuchung eines einzelnen Gegenstandsbereiches zu fassen. Die Tendenz geht dahin, sie als eine formale Theorie aufzufassen, ohne das eigentlich erforderliche vergleichende Entwickeln einer formalen Theorie (…). Sie werden mit einem ‚Gerundium' (…) bezeichnet, was einerseits ihre Generierung anregt, aber tendenziell auch zu einer übermäßigen Generalisierung führt. BSP's wie Kultivierung, Nichterscheinen, Zentrierung, Hervorhebung, Werdung vermitteln den Eindruck von Prozess, Wandel und Bewegung in der Zeit" (1978, S. 97)

Hier bleibt immer noch unklar, warum dies eine spezielle Eigenschaft eines speziellen Typs von Kernkategorien sein soll und nicht vielmehr die Eigenschaft aller im Gerundium formulierbaren grammatischen Strukturen: Diese drücken immer einen Aspekt von Prozesshaftigkeit aus. Es hat eher den Anschein als führe Glaser willkürlich eine Unterscheidung in den Bereich möglicher Kernkategorien ein, ohne allerdings eine systematische Typenbildung hypothetischer Kernkategorien vorzunehmen. Seine Regel scheint zu lauten: Alle Kernkategorien, die im Gerundium auszudrücken sind, sind BSP. Auch das Kriterium der ‚klaren und erstaunlich allgemeinen Implikationen' ist wenig überzeugend: Glasers BSP's weisen diese Eigenschaft ersichtlich vor allem aus einem Grund auf: Weil er sie aus dem Bereich allgemeiner Prozessbegriffe rekrutiert hat. Dass allgemeine Begriffe allgemeine Implikationen aufweisen, ist bestenfalls ein ‚truism', bei weitem aber keine Begründung dafür, warum diesen Begriffen als Kernkategorien für die Theoriebildung über je spezielle empirische Zusammenhängen eine basale Rolle zufallen sollte.

5.3   Pro und Contra Verifikation: Wie weit reicht der Anspruch der Grounded Theory?

Ein weiterer zentraler Dissens zwischen Glaser und Strauss betrifft die Frage der Verifikation von empirisch begründeten Theorien. Es geht kurz gesagt um die Frage, wie weit der Anspruch des Verfahrens der Grounded Theory reichen soll: Soll es sich darauf beschränken, auf Basis empirischer Daten Theorien zu entwickeln oder sollen diese Theorien zugleich einer Überprüfung unterzogen werden?

Die Position von Strauss dazu haben wir im vorangegangenen Kapitel bereits kennen gelernt: Er setzt – in deutlicher Anknüpfung an Dewey's Modell iterativ-zyklischen Problemlösens – auf den Dreiklang von Induktion, Deduktion und Verifikation, wobei er Verifikation eher im Sinne einer Überprüfung der Plausibilität und der praktisch-experimentellen Funktionsfähigkeit der an der Empirie entwickelten Theorien versteht, einer Überprüfung im Übrigen, die inkrementell vonstattengeht und von Strauss als Teil des Theoriebildungsprozesses und nicht als eine distinkte Arbeitsphase betrachtet wird (vgl. S. 66 f.).

Glaser hingegen lehnt die Vorstellung ausdrücklich ab, dass die Überprüfung einer Theorie untrennbarer Bestandteil der Theoriegenerierung ist:

„Es ist das Ziel der Grounded Theory eine Theorie hervorzubringen, die jene Verhaltensmuster erklärt, die relevant und problematisch für die Betroffenen sind. Das Ziel ist nicht umfangreiche Beschreibung, nicht schlaue Verifikation" (Glaser, 1978, S. 93).

Ebenso wie er der extensiven Beschreibung empirischer Phänomene als Ziel für die Grounded Theory wenig abgewinnen kann, steht auch Verifikation für Glaser außerhalb des Aufgabenbereichs des Verfahrens. Das ist zunächst ein wenig überraschend, denn in den Wissenschaften sind wir es allenfalls gewohnt, über Art und Ausmaß der anzulegenden Gütekriterien zu diskutieren (vgl. Kap. 6), nicht aber darüber, *ob* wir die von uns aus der Analyse der Daten gezogenen Schlüsse kritisch prüfen oder sie ohne jede Prüfung für zutreffende wissenschaftliche Ergebnisse halten dürfen.

Wer nach den Ursachen dieser Skepsis Glasers gegenüber jeglicher Verifikationsstrategie forscht, stößt schnell auf die alte Abgrenzung gegenüber standardisierten theorie-testenden Verfahren der empirischen Sozialforschung, deren Ergebnissen er eine Tendenz zu mangelndem „fit"[6] und mangelnder „relevance" bescheinigt (Glaser, 1998, S. 235). Damit sind zugleich bereits zwei Kriterien

---

[6] In der deutschen Übersetzung von *The Discovery* … wird „fit" mit Eignung übersetzt. Das gibt den Wortgebrauch bei Glaser aber nicht hinreichend wieder. Es geht bei Glaser eher

benannt, die Glaser für Qualität und Leistungsfähigkeit von Theorien benennt, die mit dem Verfahren der Grounded Theory erarbeitet wurden. „Fit ist ein anderes Wort für Validität, also ob ein Konzept jene Muster von Daten repräsentiert, das es zu bezeichnen beansprucht" (Glaser, 1998, S. 236). Und weil die Grounded Theory ihre Theorien aus den Daten darüber entwickelt, „what is really going on", ergibt sich für Glaser die Relevanz der Theorien gleich mit („it is automatic"). Auch das dritte Kriterium, „work", ergibt sich aus dem „fit", denn damit ist nichts anderes gemeint, als dass die Theorie in der Lage ist, alle Verhaltensvariationen im untersuchten Bereich angemessen zu integrieren. Weil die fortgesetzte Integration neuer Aspekte des Untersuchungsbereichs nicht dazu führt die so entwickelte Theorie zu entwerten (im Sinne einer Falsifikation), sondern sie sukzessive zu erweitern und zu präzisieren, ist schließlich auch das vierte Kriterium, die „modifiability" ein zwangsläufiges Resultat der Methode des ständigen Vergleichens.

All dies sind bei Glaser aber nicht Kriterien, an denen eine jede auf Basis der Methodologie der Grounded Theory erarbeitete Theorie erst einmal zu prüfen wäre. Es sind vielmehr Qualitätsmerkmale, die dem Verfahren der Grounded Theory *an sich* eigen sind und die aus diesem Grund deren Ergebnisse prägen. Was die Wertschätzung von „fit", „relevance", „work" und „modifiability" betrifft, so wäre Strauss hier mit Glaser einer Meinung. In der Tat sind diese Merkmale bereits in *The Discovey* von beiden gemeinsam benannt worden und zwar vor allem in der Perspektive der Anwendbarkeit von Theorien zur Lösung praktischer gesellschaftlicher Probleme (vgl. Glaser & Strauss, 1998, S. 242 ff.). Der Dissens beginnt erst dort, wo Glaser jegliche systematische Überprüfung der Ergebnisse auf das Vorliegen der genannten Qualitätskriterien ablehnt.

Was Glaser stattdessen anbietet ist etwas, das man am ehesten in religiösen Kategorien zu beschreiben geneigt ist. So leitet er sein Buch von 1998, *Doing Grounded Theory: Issues and Discussions,* mit dem folgenden emphatischen Ausruf ein: „How are you doing? I'm doing. Just do it. Let's do it. Do it because it is meant to be. Do it because it is there to be done. Do it because it WORKS. Grounded theory works and many people are doing it" (Glaser, 1998, S. 1).[7] Wie ernst es ihm mit diesem Überschwang ist, zeigt sich in der gebetsmühlenartigen

---

um eine Passungsverhältnis, also die Frage, inwieweit die Theorie den Daten ‚entspricht'. Deshalb bleibe ich hier wie bei den nachfolgenden Begriffen beim amerikanischen Original.

[7] Aus Gründen der Authentizität bleiben die Zitate dieses Absatzes im amerikanischen Original.

Wiederholung der Phrase vom „just do it", die auch den Schluss des Buches bildet: „In closing I admonish the reader again: trust Grounded Theory, it works! Just do it, use it and publish!" (Glaser, 1998, S. 254).

Das ist nicht ganz das, was man sich unter einer wohlabgewogenen wissenschaftlichen Methodendiskussion vorstellt. Die Idee vom allein seligmachenden Verfahren der Grounded Theory gipfelt bei Glaser in der Metapher des Vertrauens („trust"): Anstelle einer systematischen Überprüfung, ob die erarbeiteten Theorien auch wirklich leisten, was sie zu leisten vorgeben – also das fragliche Phänomen zu erklären – bietet Glaser die Einladung, den Ergebnissen schon deshalb einfach zu trauen, weil sie mit der Methode des ständigen Vergleichens erarbeitet wurden. Auf diese Weise re-etabliert er jenen objektivistischen Methodenglauben, der davon ausgeht, dass ‚richtige‘ Methoden,anwendung‘ praktisch automatisch zu korrekten Ergebnissen führt – ein Glaube, der seit der Wiederentdeckung qualitativ-interpretativer Methoden in den 1960er Jahren mit guten Gründen für überholt gelten sollte. So wichtig Vertrauen in Sozial- wie in Sachbeziehungen ist: Es kann kaum als Ersatz für eine rationale und systematische Überprüfung der erarbeiteten Theorien dienen, sondern höchstens deren Ergebnis sein.

Im Unterschied zu Glaser hat Strauss die Frage der Verifikation zunehmend ernster genommen und – gerade im Rückgriff auf das epistemologische Modell des Pragmatismus – zu einem integralen Bestandteil des Grounded Theory-Verfahrens gemacht. Oder vielleicht sollte man eher sagen: Weil er in seinen späteren Schriften zur Grounded Theory immer weniger in die Perspektive eines kritischen Abwehrreflexes gegen die nomologisch-deduktive Forschungstradition eingebunden war, konnte er das in den Prozeduren der Grounded Theory liegende Potenzial für die Integration von Verifikationsschritten sehen und explizieren – ohne damit das gemeinsame Anliegen einer auf praktische Anwendbarkeit hin orientierenden Theorieentwicklung zu Disposition zu stellen.

5.4   Fazit: Strauss oder Glaser?

Was lässt sich aus der Kritik von Glaser an Strauss und aus Glasers Gegenvorschlag für das Verständnis des Verfahrens der Grounded Theory und seiner Begründung lernen? Vor allem wohl, dass es wenig Sinn macht, ein methodisches Verfahren *at face value* zu nehmen, also nur die Verfahrensschritte zu betrachten und deren Plausibilität abzuschätzen. Denn auf der Oberfläche praktischer Verfahren wirken die Unterschiede zwischen den Ansätzen von Glaser und Strauss nicht besonders gravierend.[8] Erst wenn wir die Intentionen und Zuschreibungen betrachten, mit denen Glaser einerseits und Strauss andererseits ihre Verfahren rahmen, und wenn wir die dazu jeweils geltend gemachten wissenschafts- und erkenntnistheoretisch fundierten Begründungen und Anschlüsse vergleichend heran ziehen, wird erkennbar, dass es sich tatsächlich um zwei grundverschiedene Verfahren qualitativer Sozialforschung handelt.

Glasers Ansatz hat Udo *Kelle* nicht ganz zu Unrecht als einen dem frühen englischen Empirismus gleichenden „dogmatischen Rechtfertigungsinduktivismus" bezeichnet (Kelle, 1996). Strauss hingegen steht für ein wesentlich differenzierteres und forschungslogisch besser begründetes Verfahren, das insbesondere in der Frage des Umgangs mit theoretischem Vorwissen sowie im Hinblick auf die Verifikationsproblematik sorgfältiger ausgearbeitet ist. Was beide eint, ist die Orientierung auf die praktische Brauchbarkeit der Untersuchungsergebnisse und die Idee, dass diese Brauchbarkeit nur durch eine enge und systematische Verbindung zwischen empirischen Daten und Theorie zu erreichen ist. Wo Glaser allerdings in Emergenzmetaphern verfällt, entwickelt Strauss ein dialektisches Verhältnis von Theorie und Empirie und kann damit die Existenz und den notwendigen Gebrauch von theoretischem Vorwissen schlüssig in sein Verfahren integrieren, statt es – wie Glaser – durch die Hintertür theoretischer Kodes an die Daten herantragen zu müssen.

Der von Glaser ab 1992 öffentlich ausgetragene Streit mit Strauss hat also vor allem dazu beigetragen, die im Frühwerk zur Grounded Theory enthaltenen Inkonsistenzen und Widersprüche sichtbar werden zu lassen und hat dadurch zu einer pointierteren und in sich jeweils konsistenten Formulierung der jeweiligen methodologischen Positionen geführt. Im Rückblick auf diesen mittlerweile auch aus methodenhistorischer Perspektive gewinnbringend zu betrachtenden Streit ist bemerkenswert, wie wenig Strauss in seinen Arbeiten schon vor Glasers explizitem Bruch mit ihm, also insbesondere in *Basics of Qualitative Analysis,* die eigene Position in kritischer Auseinandersetzung mit Glasers seit dessen *Theoretical Sensitivity* deutlich expliziertem Vorschlag entwickelt hat. Stattdessen bezieht sich Strauss durchgängig positiv nicht nur auf das *Discovery*-Buch, sondern auch auf *Theoretical Sensitivity.* Wie auch Bryant (2009, Abs. 10) feststellt, hat Strauss in Grundlagen qualitativer Sozialforschung ganze Abschnitte aus Glasers *Theoretical Sensitivity* übernommen – und damit selbst zur teilweisen Inkohärenz dieses Buches beigetragen. Die entschieden pragmatistische Grundorientierung taucht in

---

[8] Strauss notiert in seinem Memo dann auch: „Ich denke B[arney Glaser; J.S.] versteht völlig falsch, wie nahe wir uns in einigen der tatsächlich analytischen Vorgehensschritte sind" (zit. n. Corbin, 1998, S. 126).

Strauss' methodologischen Schriften ab Mitte der 1980er Jahre eher *en passant* auf, so als sei dies immer schon seine Position gewesen. Das ist sicherlich nicht falsch, allerdings spricht – gerade, wenn man Strauss' Gesamtwerk betrachtet – vieles für die Annahme, dass es bei ihm gerade in seinen späten Jahren zu einer stärkeren Rückbesinnung auf seine pragmatistischen Grundmotive gekommen ist.

Auch verschiedene Heuristiken und andere Verfahrenselemente, die Strauss und Corbin in ihren Schriften einführen, insbesondere das Kodierparadigma und die „conditional matrix", werden nicht in ihrer Differenz zu Glasers Interpretation von Grounded Theory dargestellt, sondern eher als kontinuierliche Weiterentwicklungen einer weiterhin einheitlich verstandenen Methode. Zu verstehen ist diese Form wohl vor allem aus der Tatsache, dass Strauss und Corbin in ihren Einführungsbüchern im Wesentlichen die in zurückliegenden Jahren in Forschung und Lehre sukzessive weiterentwickelte Methodenpraxis zu explizieren versuchen. Der Bezug ist also eher die reflektierte eigene Praxis als ein methodologischer Diskurs, den Strauss, wenn wir Corbin (1998) glauben dürfen, wohl vor allem als „waste of time" betrachtet hätte.

Die durch Glasers Kritik an Strauss und Corbin bewirkte größere Sichtbarkeit gerade der kontroversen Aspekte innerhalb der Grounded Theory-orientierten Verfahren erleichtert es, sich für eine der beiden Varianten (oder auch für die eine oder die andere Neuinterpretation bzw. Weiterentwicklung) zu entscheiden, sie macht eine solche Entscheidung und deren Explizierung in der methodischen Begründung eigener auf Grounded Theory basierender Studien allerdings auch zwingend erforderlich.

Im folgenden Kapitel wenden wir uns nun wieder ausschließlich dem methodischen Ansatz von Strauss zu und verfolgen einen Aspekt weiter, der in diesem wie in dem vorangegangenen Kapitel bereits angeklungen ist: Wie können wir sicherstellen, dass und überprüfen ob Grounded Theory-basierte Forschung ‚gut gemacht' ist und ihre Ergebnisse zutreffend sind? Das siebte Kapitel befasst sich dann mit Weiterentwicklungen der Grounded Theory, insbesondere mit der Situationsanalyse von Adele Clarke.

Was ist ‚gute' Grounded Theory? Konsequenzen einer pragmatistischen Epistemologie für Qualitätssicherung und Gütekriterien

> *„Rigor and creativity go together and support one another. ... One can discover systematically."*
>
> (Gerson, 1991, S. 300)
>
> *„All there is to talk about are the procedures we use for bringing about agreement among inquirers."*
>
> (Rorty, 1998, S. 72)

Qualitativ-interpretative Verfahren sind mittlerweile eine feste Größe im Kanon empirischer Methoden der Sozialwissenschaften. Ihre zunehmende und immer selbstverständlichere Verwendung in der Sozialforschung sowie ihre Vermittlung in der soziologischen und psychologischen Methodenausbildung werfen Fragen nach Standards und Gütekriterien qualitativer Verfahren auf, die nicht erst in jüngster Zeit Anlass zu einigen methodologischen Debatten und Diskussionsbeiträgen waren (Reichertz, 2000b; Strübing, 2002; Winter, 2000; Kincheloe, 2001; Kiener & Schanne, 2001; Breuer, 2000; Hammersley, 2001; Huber, 2001; Laucken, 2002; Lincoln et al., 2001; Seale, 2007). Dabei stellt sich die Ausgangslage zumindest in einem Punkt deutlich anders dar als in der nomologisch-deduktiv orientierten, quantifizierenden Sozialforschung: Im Unterschied zu diesen standardisierten Verfahren ruhen viele der qualitativen Verfahren auf jeweils voneinander abweichenden Prämissen auf, verwenden also divergierende Legitimationen für die Gültigkeit und Angemessenheit ihrer jeweiligen Verfahrensregeln. Dies betrifft auch die Grounded Theory.

© Der/die Autor(en), exklusiv lizenziert durch Springer Fachmedien Wiesbaden GmbH, ein Teil von Springer Nature 2021
J. Strübing, *Grounded Theory*, Qualitative Sozialforschung,
https://doi.org/10.1007/978-3-658-24425-5_6

Gütekriterien dienen der Prüfung der Qualität von Forschungsergebnissen, sie stellen aber keine Anleitung zur Erreichung hochwertiger Ergebnisse in der Forschung dar. Vielmehr bedürfen sie einer angemessenen Geltungsbegründung, und diese wiederum muss in adäquater Weise in den Regeln des Forschungsprozesses und den daraus abgeleiteten Gütekriterien abgebildet sein (Flick, 2007, S. 487 ff.; Strübing et al., 2018, S. 84 f.). Dabei sind die Regeln des Forschungsprozesses für die Qualität der Ergebnisse zentral, während Gütekriterien dazu dienen, die Adäquatheit der Regelinterpretation im praktischen Vollzug zu überprüfen, also die fallweise Regelabweichung zu bestimmen und unter Bezug auf anerkannte allgemeine Kriterien zu bewerten. Während Fragen der Geltungsbegründung bereits im dritten Kapitel ausführlich diskutiert wurden, sollen hier die darauf aufbauenden Aspekte der Qualitätssicherung und der Bedeutung von Gütekriterien in der Grounded Theory und darüber hinaus in der qualitativen Sozialforschung insgesamt zur Sprache kommen.

Wenn man also, wie Strauss wiederholt betont, Grounded Theory besser oder eben auch schlechter machen kann, dann muss angebbar sein, worin dieses mehr oder weniger an Qualität besteht und woran es sichtbar wird. Womit wir bei der Frage von Gütekriterien wären. Diese sollen unterschieden werden von Qualität sichernden Maßnahmen. Während Gütekriterien Anhaltspunkte für die Überprüfung der erreichten Qualität von Forschungsprozess und -ergebnis liefern sollen, stellen Maßnahmen der Qualitätssicherung das Arsenal der Mittel zur Erzielung qualitativ hochwertiger Ergebnisse dar.

Die beiden Aspekte stehen damit ersichtlich in einem engen Wechselverhältnis: Was Qualität sichernde Maßnahmen sind, lässt sich nur vor dem Hintergrund der angestrebten Güte bestimmen, wobei Güte hier nicht im Sinne eines einfachen ‚mehr oder weniger gut' miss zu verstehen ist: Es geht vielmehr darum zu bestimmen, worin die Güte Grounded Theory-orientierter Forschung liegen soll. Hier bieten sich grundsätzlich zwei Alternativen an: Entweder gehen wir von der Existenz universeller wissenschaftlicher Standards aus, womit Gütekriterien diese für den Fall von Grounded Theory-orientierter Forschung lediglich spezifizieren würden. In Anbetracht der pragmatistischen Kritik an einer universalistischen Realitätsauffassung und der Betonung von Prozessualität und Perspektivität als erkenntnis- und sozialtheoretische Maximen ist dieser Weg wenig plausibel.[1] Aussichtsreicher erscheint dagegen die zweite Alternative: vor dem Hintergrund der Zweckbestimmung der Grounded Theory und der konkreten Ziele jeweiliger

---

[1] Eine Einschätzung, die in ähnlicher Weise für die Gesamtheit der als qualitative Sozialforschung verstandenen Forschungsansätze gilt.

empirischer Forschungsvorhaben zu bestimmen, welche Qualitäten die Ergebnisse aufweisen müssen, um dieser Zielsetzung gerecht zu werden.

6.1   Die klassische Trias: Reliabilität, Repräsentativität, Validität

Allerdings bildete auch hierzu die klassische Trias der Gütekriterien, also Reliabilität, Repräsentativität und Validität, lange Zeit einen naheliegenden Ausgangspunkt. Jedoch nicht, weil dies die unbestrittenen Prüfsteine einer jeden empirischen Forschung wären, sondern weil sie vor dem Hintergrund ihrer Bedeutung im nomologisch-deduktiven Ansatz und angesichts der universellen Geltungsansprüche, die seine Vertreter für sie reklamieren, ein etabliertes Modell für Kriterien zur Überprüfung der Realitätshaltigkeit sozialwissenschaftlicher Forschung darstellen (Lamnek, 1988, S. 144), mit dem sich die Grounded Theory zumindest kritisch befassen setzen muss.[2]

So setzten sich denn auch Corbin und Strauss (1990) vor rund 30 Jahren in einem Aufsatz speziell zur Frage von Gütekriterien für Grounded Theory orientierte Forschung zunächst mit der Frage auseinander, welche Bedeutung diesen drei Kriterien für die Beurteilung Grounded Theory-basierter Forschungen zukommen kann. Sie redefinieren dabei die etablierten Kriterien nach Maßgabe der abweichenden Forschungslogik und Zielsetzung der Grounded Theory. Das zur Prüfung der Zuverlässigkeit eines Forschungsergebnisses in der quantitativen Sozialforschung traditionell als unverzichtbar erachtete Erfordernis der *Wiederholbarkeit* halten sie nur für sehr eingeschränkt anwendbar, nämlich „in the limited sense that it (das Grounded Theory-basierte Forschungsergebnis; J. S.) is

---

[2] Man könnte geneigt sein, Validität, Reliabilität und Repräsentativität in ihrer allgemeinsten und abstraktesten Form als basale Kriterien jedes Wissenschaftlichkeit beanspruchenden Wirklichkeitszugangs aufzufassen, um dann jeweils verfahrensbezogene Spezifikationen dieser Kriterien zu diskutieren. Dagegen spricht, dass im Methodendiskurs die verfahrensbezogen spezifizierten Gütekriterien nomologisch-deduktiver Ansätzen derart stark in diese allgemeinen Begriffe eingeschrieben sind, dass sie meist unhinterfragt als synonym verstanden werden (vgl. etwa die geläufige Übersetzung von Repräsentativität mit ,statistischer Repräsentativität' oder von Reliabilität mit ,Wiederholbarkeit' Schnell et al., 1999, S. 6, 144 ff.). Auf ein weiteres Problem hat Lamnek hingewiesen (1988, S. 145): Weil in ,quantitativen' Untersuchungen die „Gültigkeitsgefährdung" vor allem in den Erhebungsmethoden gesehen wird, in ,qualitativen' Verfahren hingegen stärker in der Auswertung und Interpretation, richten sich Gütekriterien selbst bei gleicher Bezeichnung tendenziell auf jeweils andere Aspekte des Forschungsprozesses.

verifiable" (1990, S. 424). Man könne zwar die in der Theorie getroffenen Kausalaussagen testen, müsse sich dabei allerdings darüber im Klaren sein, dass für soziale Phänomene eine buchstäbliche Replizierbarkeit der Studie mit identischen Ergebnissen faktisch ausscheidet, weil die Herstellung identischer Ausgangsbedingungen für die erneute Untersuchung nicht zu leisten sei. Dahinter steht die Idee der Prozesshaftigkeit sowohl der sozialen Wirklichkeit als auch der Theorien darüber.

Für an Popper geschulte Ohren muss die Koppelung von Reproduzierbarkeit an eine Verifizierbarkeit der Theorie befremdlich klingen. Der Kritische Rationalismus bestreitet bekanntlich die Möglichkeit der Verifikation empirisch gehaltvoller Theorien und entwickelt ersatzweise das Prinzip der Falsifikation (Popper, 1994, S. 14 f.). Strauss und Popper verwenden allerdings unterschiedliche Begriffe von Verifikation. Während Popper eine Verifikation für diese Art von Theorien als Möglichkeit ausschließt, gerade weil er es für undenkbar hält, „daß ein System auf empirisch-methodischem Wege endgültig positiv ausgezeichnet werden kann" (Popper, 1994, S. 15), zielt die von Strauss verfochtene Verifikation als ein Schritt im wiederholt zu durchlaufenden erkenntnislogischen Zyklus von vorneherein auf eine nur *vorläufige* Bestätigung der ohnehin als prozesshaft verstandenen Theorie. Wenn Popper also apodiktisch formuliert „Theorien sind somit niemals empirisch verifizierbar" (Popper, 1994, S. 14), dann legt er damit sowohl einen anderen Begriff von Theorie also auch − konsequenter Weise − einen anderen Verifikationsbegriff zugrunde. Entsprechend nimmt es auch nicht Wunder, dass er die Möglichkeit induktiver Schlüsse von der Empirie auf eine Theorie kategorisch ausschließt: Er wendet sich damit gegen empiristisch verabsolutierte Schlussverfahren, in denen Induktion als empirischer Schluss im *tabula rasa*-Modus gedacht wird, also ohne jegliches Vorwissen und als isoliertes Verfahren. Strauss hingegen vertritt, wie wir gesehen haben, einen pragmatistisch aufgeklärten Induktionsbegriff, der immer im Kontext einer Verbindung induktiver Elemente mit abduktiven und deduktiv-experimentellen Prozessschritten zu denken ist: Keine wissenschaftliche Erkenntnis ohne ein vollständiges und in der Regel wiederholtes Durchlaufen des erkenntnislogischen Zyklus, und kein unfruchtbarer Dualismus von hier (rein) deduktiven und da (rein) induktiven Schlussverfahren. Verifiziert sind bei Strauss solche Theorien, die vorläufig noch nicht falsifiziert wurden.[3]

---

[3] Damit liegen Popper und Strauss näher beieinander als manch beherzter Kritiker der Grounded Theory, aber auch umgekehrt manch apologetischer Grounded Theory-Anhänger annehmen mag.

Auch eine empirisch begründete Theorie kann vorläufige Gültigkeit nur beanspruchen, insoweit sie systematisch-empirisch überprüft wurde. Die Grounded
Theory legt allerdings, wie die meisten qualitativen Ansätze, Wert auf einen
kontinuierlichen Überprüfungsprozess, der bereits im fortgesetzten Vergleichen
des offenen Kodierprozesses seinen Anfang nimmt und gerade deshalb in der
Regel ausschließt, dass wir erst zu einem späten Zeitpunkt im Forschungsprozess unsere Theorie als ‚falsifiziert' verwerfen müssen. Die Kontinuierlichkeit
des Überprüfens ist also eine Funktion des iterativ-zyklischen Prozesses der
Theoriegenese in der Grounded Theory. Diesem Modell hat sich auch das
Repräsentativitätsverständnis der Grounded Theory unterzuordnen:

> „Das Ziel in der Grounded Theory besteht", so Steinke (1999, S. 75), „nicht im Produu-
> zieren von Ergebnissen, die für eine breite Population repräsentativ sind, sondern darin,
> eine Theorie aufzubauen, die ein Phänomen spezifiziert, indem sie es in Begriffen der
> Bedingungen (unter denen ein Phänomen auftaucht), der Aktionen und Interaktio-
> nen (durch welche das Phänomen ausgedrückt wird), in Konsequenzen (die aus dem
> Phänomen resultieren) erfaßt …".

Dem trägt das theoretische Sampling Rechnung, indem die Auswahl der für die
– wie ich es nennen würde – *konzeptuellen Repräsentativität* einer entstehenden Theorie als relevant zu erachtenden Daten und Fälle systematisch aus den
Aussagesätzen dieser Theorie und ihrer Konzepte abgeleitet wird. Dabei betonen Corbin und Strauss, dass es ihnen um Repräsentativität nicht im Hinblick
auf Personen zu tun ist, Befunde also nicht in Hinblick auf bestimmte Personen-
kreise generalisiert werden sollen. Dies schließt zwar auch der gängige Begriff
von Repräsentativität nicht aus (vgl. Kromrey, 1987), doch wird der Repräsenta-
tivitätsbegriff gerne verkürzt auf eine statistische Repräsentativität von Aussagen
aus einer in Art und Umfang bekannten Stichprobe für eine ebenso bekannte
Gesamtpopulation hin verstanden. Eben darauf zielt die Grounded Theory gerade
nicht. Wenn etwa das Problem der Entstehung und Bewältigung von Phantomschmerz untersucht werden soll, dann orientieren sich Auswahlentscheidungen
des theoretischen Sampling an der Frage einer umfassenden, alle Kontexte und
Perspektiven einschließenden Erarbeitung des Phänomens. ‚Phantomschmerz' ist
dann als theoretisches Konzept angemessen ausgearbeitet, wenn es empirisch
gesättigte Aussagen über Ursachen, Bewältigungsstrategien und Konsequenzen
in möglichst vielen unterschiedlichen Kontext-Konstellationen zulässt (etwa bei
Beinamputierten im Feldlazarett ebenso wie bei Krebspatientinnen in der Chemo-
therapie einer Universitätsklinik), denn Variation zu entdecken und konzeptuell in
die Theorie zu integrieren, ist erklärtes Ziel der Grounded Theory. Hier gilt es
also parallel zur Entwicklung der Theorie die Fälle zu entdecken, zu denen sie

etwas aussagt. Je mehr Typen von Konstellationen dabei Eingang in das Konzept finden, desto stärker ist die Verallgemeinerbarkeit desselben.

Welche Rolle spielt schließlich *Validität* in der Grounded Theory? Selbstredend geht es auch in der Grounded Theory darum, gültige Theorien zu entwickeln, also solche, die intern widerspruchsfrei sind und extern eine adäquate Repräsentation der sozialen Wirklichkeit garantieren. Beides wird einerseits durch die beschriebenen Verfahren des Dimensionalisierens sowie des axialen und des selektiven Kodierens in Verbindung mit einer inkrementellen Theoriebildungstechnik angestrebt. Dabei sind die Mikrozyklen aus Datenerhebung, Interpretation und erneuter empirischer Überprüfung von besonderer Bedeutung: In ihnen wird sehr unmittelbar ersichtlich, an welchem Punkt zusätzlich herangezogene Daten die Theorie nicht mehr hinreichend stützen – was Anlass zu Reformulierung, Differenzierung und erneuter empirischer Überprüfung ist. Diese Überprüfung der Validität sukzessive entwickelter theoretischer Konstrukte wirkt zunächst als interne Güteprüfung im Forschungsprozess. Soll sie auch als externe Güteprüfung wirksam werden, so hat dies eine möglichst detaillierte Dokumentation der im Verlauf der Mikrozyklen getroffenen Entscheidungen (Sampling, ad hoc-Hypothesen, induktive/abduktive Schlüsse) zur Voraussetzung.

Ein klassisches Gütekriterium, das im Rahmen der Grounded Theory überhaupt nicht thematisiert wird, ist die *Objektivität*. Zugleich gibt es aber, wie im ersten Abschnitt aufgezeigt, durchaus ein pragmatistisches Konzept von Objektivität. Wie passt das zusammen? Objektivität bezeichnet in der empirischen Sozialforschung traditionell die Unabhängigkeit der Messinstrumente und der von ihnen gemessenen Werte von den Personen der Beobachtenden (Diekmann, 2007, S. 249). Grundmerkmal qualitativer Ansätze ist aber gerade die Vorstellung, nicht zu ‚Messen‘, sondern perspektivgebundenes Wissen zu gewinnen und zugleich zu interpretieren. Eine Aufteilung der Datengewinnung in Messen und Interpretieren wird in Abrede gestellt. Der integrierte Prozess der immer schon interpretativen Datengewinnung stellt mit seinem induktiv/abduktiven Grundmuster den Kern jener Kunstlehre dar, bei der weder damit zu rechnen, noch gar zu wünschen ist, dass alle Interpreten zu gleichen Schlüssen kommen. Gerade die in der Grounded Theory – wie im übrigen auch in der Objektiven Hermeneutik, der Dokumentarischen Methode oder ethnomethodologischen Konversationsanalyse – systematisch maximierte Vielzahl möglicher Lesarten bildet das Ausgangsmaterial für diskursiv zu entwickelnde und wiederum empirisch zu überprüfende Theorieentwürfe. Eine objektivierende Integration der unterschiedlichen Perspektiven auf das Material erfolgt also weder im Stile einer Entdeckung objektiver Eigenschaften der sozialen oder der dinglichen Natur, noch rein diskursiv im Sinne eines nominalistischen Modells rein mental verankerter ‚Wirklichkeiten‘. Es ist vielmehr das

Wechselspiel von Objektkonstitution und sozialem Handeln mit diesen Objekten, das im sozialen Prozess des Forschens typischerweise (bekanntlich nicht immer) zu einer Schließung in Form einer weitgehend einheitlichen, im Meadschen Sinne ‚objektiven' Perspektive führt (vgl. Mead, 1987).[4]

6.2   Qualitätssicherung

Mit der Diskussion über Validität, Reliabilität und Repräsentativität bewegen wir uns noch auf recht abstraktem Niveau. Strauss und Corbin adaptieren diese hegemonialen Kriterien einerseits in strategisch-legitimatorischer Absicht: Sie versuchen zu zeigen, dass, auch wenn Grounded Theory in vielerlei Hinsicht anders verfährt als nomologisch-deduktive Sozialforschung, ihre Verfahrensvorschläge dennoch diese Kriterien implizit berücksichtigen – allerdings spezifiziert für die veränderten Ausgangsbedingungen eines iterativ-zyklischen, theoriegenerierenden Verfahrens auf Basis (vorwiegend) qualitativer Daten. In ihrer Darstellung setzen sie die Trias herkömmlicher Gütekriterien, statt sie tatsächlich in eigene Kriterien der Grounded Theory zu übersetzten, eher mit der Vielzahl Qualität sichernder Strategien in Verbindung, die integraler Bestandteil des von ihnen vertretenen Forschungsstils sind. So ist etwa das theoretische Sampling nicht nur eine Alternative zu statistisch-repäsentativen Zufallssamples, sondern zugleich ein Mittel zur Sicherung von Konsistenz und Reichhaltigkeit der zu entwickelnden Theorien.

---

[4] Dieser recht pragmatischen Linie folgt in Bezug auf den wissenschaftlichen Status von Abduktionen auch Kelle (1994), wenn er fragt: „Weshalb gelangen … Forscher oftmals nach wenigen Abduktionen zu einer brauchbaren Hypothese, obwohl ‚Trillionen von Erklärungen' möglich sind?" (1994, S. 149). Dies sei, so Kelles Antwort, aus den „besonderen logischen Beschränkungen" zu erklären, denen die Abduktion unterliege:
„Diese logischen Einschränkungen bedingen den grundsätzlichen Unterschied, zwischen einer Abduktion und einer zufälligen Wahl von Hypothesen:
1. Die neuen, abduktiv erschlossenen Hypothesen müssen zwar originell sein, ihre Originalität wird jedoch durch die zu erklärenden Fakten begrenzt. …
2. Eine Abduktion muß nicht nur die fraglichen Anomalien vollständig aufklären, sondern auch in einem besonderen Verhältnis zum Vorwissen des Untersuchers stehen. Abduktive Schlußfolgerungen generieren kein Wissen ex nihilo, jede neue Einsicht vereinigt vielmehr ‚something old and something hitherto unknown' …
Neue wissenschaftliche Ideen entstehen also aus einer Kombination von altem Wissen und neuer Erfahrung" (1994, S. 150).
Auch hier ist es also das Wechselspiel zwischen abduktiv schließendem Subjekt und den Objekten der Umwelt (einschließlich der kognitiven Umwelt im Sinne von Theorien und Ideen), das zu einer objektivierenden Schließung führt – und ein Argument für die eher hohe Qualität dieser Schlüsse darstellt.

Für die argumentative Vermischung von Qualitätssicherung und Güteprüfung gibt es im Falle qualitativer Verfahren im Allgemeinen und der Grounded Theory im Speziellen durchaus Gründe. Gerade das Fortschreiten von Analyse und Theoriebildung in jenen Mikrozyklen von Induktionen, Abduktionen und Deduktionen (vgl. Abb. 3.2) erfordert das Praktizieren von Verifikationsstrategien von Beginn der analytische Arbeit an und damit eine annähernde Parallelisierung Qualität sichernder mit internen Güte prüfenden Verfahren. Um der Anschlussfähigkeit an die allgemeine methodische und methodologische Diskussion willen werde ich dennoch zunächst die der Grounded Theory inhärenten Qualität sichernden Maßnahmen diskutieren, bevor ich Fragen der Gütekriterien noch einmal aufgreife.

Allerdings geht der Frage der Qualitätssicherung die Frage nach Art und Umfang der angezielten Qualität voraus: Was soll eine gute Grounded Theory ausmachen? Der zentrale Anspruch – darin sind sich Glaser und Strauss noch einig – besteht in der Erarbeitung von Theorien, die soziale Prozesse erklären und insofern mit Einschränkungen (s. o.) auch vorhersagen können. Aus Sicht der Grounded Theory ist dieses Ziel am ehesten mit einer konzeptuell dichten und solide in den Daten gründenden gegenstandsbezogenen Theorie zu erreichen. Besonderen Wert legen die Vertreter der Grounded Theory darüber hinaus auf die praktische Relevanz der Ergebnisse: „d. h. Vorhersage und Erklärung sollen dazu taugen, den Praktiker Situationen verstehen und in Ansätzen kontrollieren zu lassen" (Glaser & Strauss, 1998, S. 13). Angestrebt wird soziologische Theoriebildung nicht um ihrer selbst willen, sondern mit dem Ziel einer verbesserten Handlungsfähigkeit der Akteure im Untersuchungsbereich. Insofern liegt, wie Ian Dey (1999, S. 233) bemerkt, die Bewährung einer Theorie im Sinne der Grounded Theory weniger in ihrer allgemeinen Richtigkeit, sondern in ihrer praktischen Angemessenheit unter jeweils spezifischen Umständen. „Die Praxis bringt also in gewisser Weise den Test und die Validierung der Theorie" (Glaser & Strauss, 1998, S. 248) – ein zutiefst pragmatistischer Gedanke, wie ihn Dewey mit dem Konzept des „experiment" zuerst formuliert hat (vgl. Abb. 3.1).

Das Erfordernis der Praxistauglichkeit schließt an jenen Aspekt von Zeitlichkeit im Theoriebegriff der Grounded Theory an, der im vierten Kapitel bereits zur Sprache gekommen ist: Wenn sich praktisches Handeln in einer sich kontinuierlich wandelnden Welt bestimmter Theorien über diese Welt bedienen soll, dann müssen diese Theorien auch Momente des permanenten Wandels und der Prozesshaftigkeit des Sozialen integrieren.

Über diese allgemeinen Bestimmungen hinaus ist es nicht ganz einfach das Ziel ‚Praxistauglichkeit‘ genauer zu fassen. In der pragmatistischen Wissenschaftstheorie – das kann uns hier vielleicht eine Idee liefern – wird als Ziel des problemlösenden Handelns – und somit als spezifische Interpretation des Wahrheitsbegriffs im Pragmatismus – eine erweiterte Handlungsfähigkeit bestimmt: Das Erkenntnisproblem ist dann angemessen gelöst, wenn auf der Basis des neu gewonnenen Wissens das zuvor ‚gehemmte' Routinehandeln in modifizierter Form wieder aufgenommen werden kann. Für wissenschaftliche Problemlösungsprozesse (Forschung) kann diese erweiterte Handlungsfähigkeit auf zwei Ebenen relevant werden:

Wissenschaftsimmanent sollten gute Forschungsergebnisse es den Forschenden erlauben, auf Basis des erweiterten Wissens neue Probleme zu identifizieren und zu erforschen – eine Perspektive die letztlich jedem Wissenschaftsverständnis inhärent ist. Praxistauglichkeit im Sinne der Grounded Theory zielt darüber hinaus aber auch auf eine erweiterte Handlungsfähigkeit der Praktiker, also der Menschen in den jeweils untersuchten Praxisfeldern. Bei Strauss und Corbin ging es traditionell immer sehr stark um die Vermittlung der Forschungsergebnisse an die Träger professionellen Handelns im Gesundheitsbereich (Pfleger, Ärztinnen, Sozialarbeiter), aber auch an die dort agierenden Laien (Patientinnen, Angehörige). Der recht wenig akademisch wirkende Schreibstil in den Studien von Strauss, Corbin, aber auch von Glaser erklärt sich auch aus dem Ziel, ihre Ergebnisse diesen Nutzergruppen zugänglich zu machen.

Für die Grounded Theory ist das Mittel der Wahl zur Erarbeitung konzeptuell dichter Theorien die Methode des ständigen Vergleichens. Obwohl der Fall als eigenständige Untersuchungseinheit bei Strauss ausdrücklich herausgehoben wird, bekommt der Einzelfall seine theoretische Relevanz doch erst durch den systematischen Vergleich mit anderen Fällen/Ereignissen. Der beständige Wechsel der Vergleichsperspektive zwischen ähnlichen und unähnlichen Fällen/Ereignissen trägt dabei gleichermaßen zu einer sukzessive erhöhten Reichweite wie zu einer Steigerung der Dichte und Komplexität der entstehenden Theorie bei, weil wir mit dem Erschließen zusätzlicher, neuer Falldomänen immer auch neue Kontexte und variierende Ursache-Wirkungs-Beziehungen gewinnen und zueinander ins Verhältnis setzen können. Seine Qualität sichernde Wirkung entfaltet das ständige Vergleichen allerdings nur dann, „wenn Interpreten darauf achten, dass sie Kodierungen immer wieder mit bereits vollzogenen Kodierungen und Zuordnungen vergleichen, dass bereits kodiertes Material mit seiner Zuordnung nicht ‚erledigt' ist, sondern weiter im Prozess des Vergleichs einbezogen bleibt" (Flick, 2007, S. 523).

Während das konkrete analytische Handwerkszeug der Methode des ständigen Vergleichens in *The Discovery of Grounded Theory* 1967 noch eher unterbelichtet blieb, haben alle späteren Varianten durch die Konkretisierung der verschiedenen Kodierverfahren an Detaillierung und Schärfe gewonnen. Insbesondere die von

Schatzman (1991) vorgeschlagene und von Strauss sowie von Strauss und Corbin weiter ausbuchstabierte dimensionale Analyse hat hier ihren Beitrag geleistet (vgl. S. 25 ff.).

Eine Qualität sichernde Maßnahme von besonderer Bedeutung ist dabei das Element der ‚generativen Fragen', also jenes fortwährende theorieinduzierte und zugleich auf Theoriegenese orientierte Befragen der analytischen Struktur. Die dabei nutzbaren Frage-Heuristiken hat z. B. Elihu Gerson (1991) detailliert ausgearbeitet und dabei gerade jenen Schritt von der alltagspraktischen zur wissenschaftlich-systematischen Materialbearbeitung expliziert. Von ihm stammt auch das diesem Kapitel vorangestellte, emphatische Statement von der Möglichkeit systematischen Entdeckens. Dabei ist indes Vorsicht geboten: So wenig Kreativität im Forschungsprozess allein ein regelfreier, künstlerischer Akt sein kann, so problematisch ist auf der anderen Seite eine weitgehende Verregelung der analytischen Prozeduren, weil methodisch-kontrolliertes Forschen dann zur bloßen Anwendung von Rezeptwissen zu mutieren droht. Grade mit den sehr vereinfachenden Handlungsanweisungen in den *Grundlagen qualitativer Sozialforschung* haben Strauss und Corbin diese Grenze gelegentlich schon überschritten.[5]

Um eine möglichst hohe Qualität der Ergebnisse zu gewährleisten, ist also vor allem eine sorgfältige – und situativ unterschiedlich ausfallende – Balance von Regelhaftigkeit und Systematik einerseits und kreativen Eigenleistungen der Forscherinnen andererseits erforderlich.

Ein weiteres Qualität sicherndes Element der Grounded Theory ist die Fallauswahl mittels theoretischem Sampling. Die Möglichkeit einer Feinsteuerung der Fallauswahl in einzelnen Etappen des Theoriebildungsprozesses auf Basis der im Prozess erarbeiteten Theorie und der aus ihrer weiteren Ausarbeitung resultierenden Erfordernisse hat vor dem Hintergrund der theoriegenerativen Intention der Grounded Theory Vorteile gegenüber anderen Auswahlverfahren. Weil in der Grounded Theory falsifikationslogische Verfahren der Hypothesenprüfung keine Verwendung finden, ist z. B. die psychologische Barriere für die systematische Einbeziehung ‚negativer Fälle' (Lamnek, 1999, S. 123) denkbar gering. Auch im Falle des theoretischen Sampling zeigt sich wiederum die enge Verbindung zwischen Qualität sichernden Verfahren und Gütekriterien, denn neue Sampling-Schritte werden induziert durch den Befund von ‚theoretischer Sättigung', also

---

[5] Auf die 2008 und 2015 neu erschienene und von Corbin allein besorgte 3. und 4. überarbeitete Auflage von *Basics of Qualitative Research* trifft diese Kritik nur noch zum Teil zu. Das nun wesentlich umfangreichere Buch argumentiert deutlich differenzierter als die Erstausgabe und entwickelt seine methodischen Prämissen stärker an praktischen Beispielen (Corbin & Strauss, 2008).

einem Kriterium für das Maß der konzeptuellen Dichte und der Ausschöpfung des berücksichtigten Fallmaterials.

Eine weitere Maßnahme zur Herstellung und Sicherung qualitativ hochwertiger Analyseergebnisse ist das Schreiben theoretisch-analytischer Memos. Die Grounded Theory ist neben der Ethnographie die einzige empirische Methode, die einen kontinuierlich den Forschungsprozess begleitenden, analytisch orientierten Schreibprozess so vehement vertritt. Diese Parallele ist vermutlich kein Zufall, denn die Grounded Theory entstammt einem ethnographisch geprägten Forschungsmilieu, und Glaser und Strauss haben in ihren Forschungsarbeiten in den 1960er Jahren ebenfalls ethnographisch gearbeitet und daraus ihren eigenen Forschungsstil entwickelt. Die Grounded Theory macht den kontinuierlichen Schreibprozess zu einem unverzichtbaren Kernelement ihres Forschungsstils und stellt dazu auch eine Fülle von Anleitungen zum Erstellen von und zur weiteren Arbeit mit Memos bereit (Glaser, 1978, S. 83 ff.; Strauss, 1991b, S. 151 ff.; Strauss & Corbin, 1996, S. 169 ff.). Das prozessbegleitende Schreiben verhindert den Verlust analytisch wertvoller Ideen, die in der Materialbearbeitung ‚aufblitzen' und zwingt durch das Moment der Explizierung im Schriftlichen zu einer größeren gedanklichen Präzision und Konsistenz – zwei Eigenschaften, die für die weitere Integration zu einer schlüssigen Theorie ebenso wichtig sind wie für die rechtzeitige Korrektur von analytischen Fehlentwicklungen im Projektablauf.

Nicht zuletzt ist das Forschen in Teams und die Diskussion der analytischen Ansätze und Zwischenergebnisse mit nicht involvierten Kolleginnen („peer debriefing"; Lincoln/Guba zit. n. Flick, 2007, S. 500) als Mittel zur Kontrolle und Absicherung der Qualität (nicht nur) Grounded Theory-basierter Forschung zu nennen. Andere kommunikative Validierungsstrategien werden bei Strauss und Corbin (1990) kaum hervorgehoben, spielen aber implizit eine bedeutende Rolle in ihrem Methodenvorschlag: Was Flick (2007, S. 501) in Anlehnung an Lincoln und Guba (1985) als „member check" bezeichnet, also die Re-Präsentation von Interpretationen gegenüber Mitgliedern des untersuchten Feldes, findet in der Grounded Theory im Rahmen der fortwährenden Datengewinnung im Feld zwangsläufig seinen Platz.

6.3 Gütekriterien und ihre Probleme

Sind auch die Verfahren weitgehend benannt, mit denen Qualität aus Sicht der Grounded Theory zu erreichen ist, so bleibt immer noch die Frage hinreichend handfester, praktischer und vor allem verfahrensangemessener Kriterien und Indikatoren zu klären, an denen die Güte einer jeweiligen Grounded Theory-basierten

Theorie abzuschätzen wäre. Angesichts der großen Bandbreite unterschiedlichster Untersuchungsformen und Forschungsgegenstände (nicht nur) in der Forschungspraxis der Grounded Theory sowie der geringen Standardisiertheit des Verfahrens können wir kaum erwarten, auf ‚harte' Indikatoren zu treffen. Corbin und Strauss belassen es aber auch nicht bei allgemeinen Verhaltensregeln für gutes Forschen und erst recht beschränken sie sich nicht auf einen emphatischen Vertrauensvorschuss á la Glaser. Stattdessen benennen sie eine Reihe von Indikatoren, die in ihrer Gesamtheit geeignet sind, die Qualität der jeweiligen Forschungsarbeiten zu evaluieren. Sie unterscheiden dabei Indikatoren zur Beurteilung des Forschungsprozesses von solchen zur Prüfung der empirischen Verankerung des Theoriebildungsprozesses. Für den Forschungsprozess benennen sie sieben Kriterien:

„Kriterium 1: Wie wurde die Ausgangsstichprobe ausgewählt? Aus welchen Gründen?

Kriterium 2: Welche Hauptkategorien wurden entwickelt?

Kriterium 3: Welche Ereignisse, Vorfälle, Handlungen usw. verwiesen (als Indikatoren) – beispielsweise – auf diese Hauptkategorien?

Kriterium 4: Auf der Basis welcher Kategorien fand theoretisches Sampling statt? Anders gesagt: wie leiteten theoretische Formulierungen die Datenauswahl an? In welchem Maße erwiesen sich die Kategorien nach dem theoretischen Sampling als nutzbringend für die Studie?

Kriterium 5: Was waren einige der Hypothesen hinsichtlich konzeptueller Beziehungen (zwischen Kategorien) und mit welcher Begründung wurden sie formuliert und überprüft?

Kriterium 6: Gibt es Beispiele, daß Hypothesen gegenüber dem tatsächlich wahrgenommenen nicht haltbar waren? Wie wurde diesen Diskrepanzen Rechnung getragen? Wie beeinflußten sie die Hypothesen?

Kriterium 7: Wie und warum wurde die Kernkategorie ausgewählt? War ihre Auswahl plötzlich oder schrittweise, schwierig oder einfach? Auf welchem Boden wurden diese abschließenden analytischen Entscheidungen getroffen?" (Strauss & Corbin, 1996, S. 217)

Was die empirische Verankerung betrifft, so listen sie wiederum sieben Punkte auf:

„Kriterium 1: Wurden Konzepte im Sinne der Grounded Theory generiert? …

Kriterium 2: Sind die Konzepte systematisch zueinander in Beziehung gesetzt? …

Kriterium 3: Gibt es viele konzeptuelle Verknüpfungen? Sind die Kategorien gut entwickelt? Besitzen sie konzeptuelle Dichte? ...

Kriterium 4: Ist ausreichende Variation in die Theorie eingebaut? ...

Kriterium 5: Sind die breiteren Randbedingungen, die das untersuchte Phänomen beeinflussen, in seine Erklärung eingebaut? ...

Kriterium 6: Wurde dem Prozeßaspekt Rechnung getragen? ...

Kriterium 7: In welchem Ausmaß erscheinen die theoretischen Ergebnisse bedeutsam?" (Strauss & Corbin, 1996, S. 218 ff.)

Gerade das letztgenannte Kriterium, die oben schon erwähnte theoretische und vor allem praktische Relevanz, kann man, wie Flick (2007, S. 504) bemerkt, als Versuch werten, eine zu starke Formalisierung der Güteprüfung zu vermeiden.

Basis jeder externen Güteprüfung muss die Offenlegung aller relevanten Informationen zum Forschungsprozess in der resultierenden Forschungspublikation sein, die im Wesentlichen eine detaillierte Dokumentation der im Prozess gefällten Entscheidungen liefern soll (sensibilisierendes Vorwissen; Sampling; Indikatoren für Konzepte; *ad hoc*-Hypothesen und Vorgehen beim Test derselben; Einfluss der Testergebnisse auf die weitere Theoriebildung; Vorgehen bei der Auswahl der Kernkategorie; Belege für die theoretische Sättigung der Kategorien).

Steinkes (1999, S. 77) Kritik der genannten Kriterien als nur „exemplarisch" und „tautologisch" verfehlt allerdings das Ziel: Im Grunde beklagt sie damit die mangelnde ‚Härte' der Kriterien, weil ihnen keine klaren Indikatoren dafür beigegeben sind, an welchen Schwellenwerten ein Prozessschritt als unzulänglich zu verwerfen ist, welches also unbedingt sicherzustellende Qualitätsstandards sind. Andererseits wäre es vermessen, wollten Schöpfer eines Verfahrens selbst festlegen, bis zu welchem Punkt mit ihrem Verfahren erzielte Ergebnisse als gültig zu bewerten sind – zumal solche Indikatoren ohnehin nicht universell, sondern immer nur fallbezogen bestimmt werden könnten. Grounded Theory zielt hier – ganz pragmatistisch – auf die Bewährung der Theorie in der Praxis: Ist die Theorie brauchbar für Akteure im untersuchten Feld und/oder für Forscherinnen, die mit dieser Theorie weiterarbeiten? Wenn uns keine universellen Wahrheitskriterien zur Verfügung stehen, dann bleibt für die Beurteilung auch einer wissenschaftlichen Theorie – neben ihrer inneren Widerspruchsfreiheit – nur die Praxis der mit unterschiedlichen handlungspraktischen Perspektiven auf sie Bezug nehmenden Akteure: Praktiker wie Forscherinnen müssen in einem interpretativen Prozess entscheiden, was die Theorie *für sie* taugt.[6] Allerdings ist damit mehr gemeint

---

[6] Der Unterschied zwischen dem pragmatistischen und dem kritisch-rationalen Verständnis der praktisch-empirischen Bewährung einer Theorie liegt darin, dass im pragmatischen

als die von Lincoln und Guba (1985, S. 289 ff.) propagierte kommunikative Herstellung von Glaubwürdigkeit („trustworthiness"), weil Strauss und Corbin zwar von einer multiperspektivischen, aber eben doch – im Sinne Meads – objektiven Realität ausgehen, während Lincoln und Guba der konstruktivistischen Vorstellung einer kommunikativen Aushandlung konkurrierender Konstruktionen über die Welt verbunden bleiben.[7]

Zur Beurteilung der Güte einer erarbeiteten Theorie sind die von Corbin und Strauss benannten Prozesskriterien ebenso ein Hilfsmittel, wie die von ihnen aufgeführten Qualitätsindikatoren für die generierte Theorie selbst. Dabei geht es neben der praktischen Relevanz *(„significance")* insbesondere um die *Dichte und Systematik* der erarbeiteten und empirisch vorläufig verifizierten Beziehungen, das erreichte *konzeptuelle Niveau* der Theorie sowie die darin enthaltene *Varianz und Reichweite* von Erklärungen der betreffenden Phänomene. Praktische Relevanz, konzeptuelle Dichte, Reichweite und empirische Verankerung sind diejenigen der genannten Kriterien, die der Struktur des Verfahrens und dessen epistemologischem Hintergrund besonders angemessen sind. Anhand dieser Kriterien lässt sich zwar schwerlich sagen, eine mittels Grounded Theory erarbeitete Theorie sei so und so gut, wohl aber lassen sich zwei Theorien zum Gegenstand miteinander vergleichend bewerten: Diejenige, deren Kategorien und Subkategorien stärker und vielfältiger im Datenmaterial verankert und zugleich intensiver aufeinander bezogen sind, ist nach diesen Maßstäben die ‚bessere' Theorie. Die Theorie, die dabei mehr divergierende Falldomänen zu erfassen und zu integrieren versteht, hat eine größere Reichweite. Eine Studie zu Phantomschmerz, die eine differenzierte empirische Analyse der Körperselbst- und Fremdwahrnehmungen enthält und ihre theoretischen Konzepte auf das Phänomen zu beziehen weiß, ist unter Qualitätsgesichtspunkten einer Theorie vorzuziehen, die zwar auch Körperwahrnehmungen erhebt, sich dabei aber auf Selbstwahrnehmungen beschränkt und diese Daten auch nicht systematisch auf das Phänomen des Phantomschmerzes beziehen kann.

Diese Kriterien zu erfüllen oder ihnen zumindest nahe zu kommen, ist indes kein prozeduraler Automatismus: Ein Mehr an Regelbefolgung und Grounded

---

Verständnis die Bewährung einer Theorie nicht auf den „Begründungszusammenhang" beschränkt bleibt, sondern immer auch Aspekte des „Verwertungszusammenhangs" mit einbezieht. Die von Reichenbach (1983, S. 3) allein für die Zwecke der Erkenntnistheorie vorgeschlagene Trennung in einerseits vorwissenschaftliche Entdeckungs- und Verwertungszusammenhänge und andererseits einen allein wissenschaftlichen „Begründungszusammenhang" wird in der Grounded Theory nicht nachvollzogen.

[7] Eine differenzierte Analyse der Stellung verschiedener dialogischer Formen der Validitätsprüfung in qualitativen Methodologien hat Terhardt (1995, S. 388 ff.) vorgelegt – er bezieht sich allerdings nicht auf die Grounded Theory.

Theory-Methodentechnik erbringt nicht automatisch bessere Ergebnisse. Dagegen steht die zentrale Forderung nach Flexibilität und situativer Adaption, aber auch die Einsicht in die Erforderlichkeit kreativer Eigenleistungen der Forschenden. „Keine Methodologie, sicherlich auch nicht die Grounded Theory kann sicherstellen, dass dieses Wechselspiel (zwischen Forscherin und Material; J.S.) kreativ ist", so Strauss und Corbin (1996, S. 220), dies hänge vielmehr von „drei Eigenschaften des Forschers ab: analytische Kompetenz, theoretische Sensibilität und Sensibilität für die Feinheiten von Handlung und Interaktion". Relevanz der Forschung lässt sich also nicht durch akribisches Erfüllen der Kriterienlisten allein erreichen, sondern erst wenn und insoweit dies mit der Kompetenz der Forschenden zusammenfällt.

Es gibt also so etwas wie einen Grenznutzen zwischen Regelbefolgung und gegenstandsspezifischer, Kreativität optimierender Verfahrensadaption. Erst auf der Basis dieser pragmatisch zu treffenden Abwägungen im konkreten Fall lässt sich sinnvoll die Qualität des Prozesses wie seiner Ergebnisse auf der Basis der genannten Kriterien beurteilen. Genau hier liegt auch das zentrale Motiv für das Insistieren auf einer sorgfältigen Prozessdokumentation bei Corbin und Strauss, denn nur daran lassen sich *ex post* die jeweiligen Umstände der Forschungsprojekte beurteilen und Anhaltspunkte für möglicherweise problematische Ergebnisse ausmachen. Ob etwa eine entwickelte Kategorie ‚theoretisch gesättigt' ist, ist zwar eine Entscheidung des Forschungsteams in Auseinandersetzung mit dem empirischen Material. Die Angemessenheit dieser Entscheidung extern zu prüfen, setzt jedoch eine hinreichende (also nicht nur exemplarisch-illustrative) Dokumentation der zu Grunde liegenden empirischen Evidenzen voraus – was unter rein praktischen Gesichtspunkten im Forschungsalltag nur selten zu leisten ist.

6.4   Forschungspragmatik und Gütesicherung

Die Diskussion über Qualitätssicherung und Güterkriterien bliebe im Fall der Grounded Theory unvollständig, würden wir nicht noch einmal den Bogen zurück zu jenem Diktum von der Grounded Theory als Forschungsstil schlagen: Wenn damit verbunden ist, dass die Forschenden das vorgeschlagene Verfahren situativ an Gegenstand, Forschungsfrage und eigene Kompetenzen anpassen können und sollen, dann ist damit die Einheitlichkeit des Verfahrens ebenso wie die Angemessenheit einheitlicher Gütekriterien in Frage gestellt. Daher ist es unerlässlich, einige unverzichtbare Elemente des Verfahrens zu identifizieren – schon um Klarheit zu gewinnen, wovon wir sprechen, wenn wir von Grounded Theory reden. Strauss selbst betont zunächst die Unverzichtbarkeit des Kodierens und des Schreibens analytischer Memos (Strauss, 1991b, S. 33). Diese beiden Merkmale sind jedoch keineswegs hinreichend, um die Funktionsfähigkeit, aber auch um die Identität des Verfahrens zu sichern. Im Lichte der in diesem Buch diskutierten methodologischen Argumente sind eine iterativ-zyklische Vorgehensweise, das theoretische Sampling mit dem Kriterium der theoretischen Sättigung und nicht zuletzt die Methode ständigen Vergleichens unter Verwendung generativer Fragen ebenso unverzichtbar wie das Kodieren und das Schreiben von Memos.[8] Dabei geht es keineswegs nur darum, die ‚typischen' Merkmale der Grounded Theory zu markieren, sondern diejenigen Verfahrenselemente zu benennen, die für die Erreichung des angestrebten Zieles – einer gegenstandsbezogenen Theorie des Forschungsfeldes – notwendige Funktionsbedingungen darstellen. Unter den genannten erkenntnis- und sozialtheoretischen Prämissen ist eine andere Sampling-Strategie als die des theoretischen Samplings nicht plausibel; wenn eine gegenstandsbezogene Theorie alle kategorialen Varianten im Gegenstandsbereich möglichst vollständig erfassen und aufeinander beziehen soll, dann werden wir dies mit einem anderen Kriterium als dem der theoretischen Sättigung nicht überzeugend leisten können usf.

Die mit der Redeweise vom Forschungsstil gemeinten Adaptionsleistungen liegen unterhalb der Ebene des Durchführens oder Auslassens bestimmter Kernelemente der Grounded Theory und betreffen vor allem das Wie und die Frage der Ausführlichkeit und Systematik. Nicht jede Forschung zielt vorrangig auf einen sozialwissenschaftlich motivierten Theoriefortschritt. In vielen Fällen geht es tatsächlich vorrangig darum, Wissen zur Bewältigung praktischer Handlungsprobleme in begrenzten Gesellschaftsbereichen zu gewinnen. Dies ist z. B. in der Sozialarbeitsforschung oder in den Gesundheitswissenschaften – zwei wichtigen Anwendungsfeldern der Grounded Theory – sehr häufig der Fall. Auch die Erhebung von Wissen für informatische Anwendungen (etwa Expertensysteme) bedient sich gerne der Grounded Theory, ohne dabei das Ziel einer umfassenden Theorie des Gegenstandsbereichs zu verfolgen (Chisnall et al., 1995; Grinter, 1995; Engelmeier, 1994). Je nach Verwendungszweck ist es daher – wie auch Strauss und Corbin (1996, S. 17 f.) anmerken – durchaus legitim, den mit

---

[8] Auch Strauss und Corbin sind an anderer Stelle etwas anspruchsvoller was die Mindestanforderungen an Grounded Theory-basierte Forschung betrifft: „Die Merkmale …, die wir als so zentral beachten, dass ihre Aufgabe eine große Abweichung bedeuten würde, sind das Begründen von Theorie durch das Wechselspiel von Daten und Theorie, das Durchführen ständiger Vergleiche, das Fragen theorie-orientierter Fragen, theoretisches Kodieren und die Weiterentwicklung von Theorien." Sie geben sich hier aber auch keinerlei Illusionen hin: „Allerdings: Kein Erfinder bleibt auf Dauer in Besitz seiner Erfindung" (Strauss & Corbin, 1994, S. 283).

der Verwendung all jener für unverzichtbar erklärten Verfahrenselemente einher gehenden Aufwand zu begrenzen und Abstriche an Umfang und Systematik der Forschungsarbeit vorzunehmen – allerdings um den Preis von Ergebnissen, die nicht mehr zur Gänze den Ansprüchen wissenschaftlich-systematischer Theoriebildung in der Grounded Theory genügen können (Holloway & Todres, 2003, S. 353). Die Diskussion um die methodologische Bewertung solch forschungspragmatischer „Abkürzungsstrategien" (Lüders, 2000, S. 636) steht in den qualitativen Methoden noch am Anfang. Nicht akzeptabel wäre indes die Etikettierung von Forschungsarbeiten als Grounded Theory-basiert, wenn sie sich tatsächlich des Verfahrens lediglich opportunistisch im Sinne eines ‚Methodensteinbruchs' bedient.

Ein anderes Problem für die Sicherung einer guten Methodenpraxis stellen die forschungsorganisatorischen Rahmenbedingungen dar. Die Ausführungen der vorangegangenen Kapitel sollten verdeutlich haben, dass die Erarbeitung einer gegenstandsbezogenen Theorie mit den Mitteln der Grounded Theory zwar zu guten Resultaten führen kann, aber zugleich im Zeitverlauf und im zu leistenden Aufwand vorab schwer zu kalkulieren ist. Genau hier kollidiert das Verfahren mit der Praxis der Mittelakquisition: Forschungsförderer neigen begreiflicherweise dazu wissen zu wollen, wofür sie ihr Geld ausgeben und ob mit den bereitgestellten Summen in der vorgesehenen Zeit das angestrebte Ergebnis zu realisieren ist. Hier sind die Verlockungen groß, die Absicht eines sukzessiven, prozessabhängigen Samplings verschämt zu verschweigen und extern plausibilisierte Fall- und Datenauswahlen in den Antrag zu schreiben. So lange die Praxis der Begutachtung sich hier nicht ändert (ein Prozess, der bereits im Gange ist), sind derart strategische Umgangsweisen in der Mittelakquisition durchaus verständlich – wenn dies nicht dazu führt, auch in der Forschungspraxis von den konstitutiven Elementen der gewählten Methode abzuweichen. Ein ähnliches Problem stellt sich in puncto Teamarbeit: Die postulierte Forschungsarbeit im Team ist nicht nur nicht der Regelfall wissenschaftlichen Arbeitens, sie wird auch durch die Praxis insbesondere der Durchführung von Qualifikationsarbeiten und durch die Knappheit der Forschungsmittel systematisch eingeschränkt. Promotions- und Habilitationsstudien sind in aller Regel Arbeiten, die von Einzelnen ausgeführt werden. Und selbst wenn – etwa im Rahmen von Drittmittelprojekten – zwei oder mehr Forscherinnen an einem Gegenstand arbeiten, geschieht dies meist im Wege klassischer Arbeitsteilung, weil die Personalmittel für eine gemeinsame Bearbeitung aller Daten nicht hinreichen und/oder weil schon in der Projektbearbeitung Claims für die darauf aufbauenden Qualifikationsarbeiten abgesteckt werden. An diesen Rahmenbedingungen ist so schnell nichts zu ändern. Abhilfe schaffen

hier vor allem die gut erprobten und an vielen Universitäten mittlerweile etablierten Forschungswerkstätten (Reim & Riemann, 1997), in denen Forscher mit
vergleichbaren methodischen Problemen, jedoch unterschiedlichen Forschungsgegenständen einander wechselseitig bei der Analyse zumindest exemplarischer
Materialien unterstützen.

6.5   Ansatzübergreifende Gütekriterien

Die bislang in diesem Kapitel diskutierten Gütekriterien beziehen sich explizit
nur auf die verschiedenen Forschungsstile der Grounded Theory, bleiben also
ansatzimmanent. Sie sichern damit einen sehr zielgenauen und konkreten Zugriff
auf methodologische Postulate und praktische Verfahrensschritte der Grounded
Theory. Das darf aber nicht darüber hinwegtäuschen, dass damit wesentliche
Funktionen von Gütekriterien im Wissenschaftsbetrieb nicht abgedeckt sind.
Wenn wir uns fragen, in welchen Situationen in der Wissenschaft Güteprüfungen
praktisch veranstaltet werden, dann stoßen wir auf zwei Typen von Situationen:
Zum einen ist es für die interne Steuerung eines konkreten Forschungsprozesses
wünschenswert, ein die Steuerungsentscheidungen informierendes Set an Quali-
tätskriterien zur Verfügung zu haben (wie es etwa das Kriterium der theoretischen
Sättigung für Schritte des theoretischen Samplings darstellt).

Zum zweiten aber sind es alle Formen der externe Forschungsbegutachtung,
die von geeigneten Kriterien profitieren. Das Peer-Review von Forschungsan-
trägen, aber auch von eingereichten Manuskripten bei Zeitschriften stellt den
„obligatorischen Passagepunkt" (Latour) dar, an dem vorbei muss, wer seine Forschung finanziert und publiziert bekommen will, wer also dazu zugelassen werden
will, einen Beitrag zur jeweiligen Wissenschaft zu leisten. Im Peer-Review geht
es jedoch nicht darum, dass Vertreterinnen des gleiche Forschungsansatzes sich
untereinander über die Güte eines beantragten oder begutachteten Projektes verständigen. Vielmehr werden hier unter Bedingungen von Konkurrenz zwei knappe
Ressourcen verteilt: Forschungsgelder und wissenschaftliche Reputation. Die gut-
achtenden Peers sind zwar typischerweise durch Kompetenz ausgewiesen, aber
nicht unbedingt methodisch in die gleiche Richtung spezialisiert und: Häufig
muss vergleichend entschieden werden: dieses oder jenes Projekt, vier von 35
Manuskripten. Wenn die zu vergleichenden Beiträge unterschiedlichen methodischen Orientierungen entstammen, dann helfen inkommensurable Spezialkriterien
einzelner Methoden „schulen" nicht weiter.

Hier sind ansatzübergreifende Kriterien gefragt, Kriterien, die ihre Begründung und Legitimation aus den gemeinsamen Grundsätzen und Merkmalen

(mindestens) qualitativer Forschungsansätze ziehen und insofern geeignet sind, vergleichende Bewertungen von Projekten über verschiedene Ansätze hinweg zu fundieren. Die Diskussion dazu ist – Stand heute – noch lange nicht abgeschlossen. Immerhin aber hat sie in Deutschland in den letzten Jahren an Fahrt aufgenommen, nachdem 2018 Vertreterinnen unterschiedlicher qualitativer Ansätze gemeinsam einen Vorschlag für ein Set von insgesamt fünf Kriterien vorgelegt haben (Strübing et al., 2018), das seitdem intensiv diskutiert wird (Eisewicht & Grenz, 2018; Jansen, 2029), aber auch schon in der Praxis als Bezugspunkt dient. Diese Kriterien sollen hier kurz vorgestellt, aber nicht weiter vertieft werden:

Gegenstandsangemessenheit wird als Basiskriterium vorgeschlagen. Dabei geht es um multiple Passungsverhältnisse, also nicht allein um die Passung von Methode und Gegenstand, sondern darum, dass empirische Fälle, Datentypen, Methoden, Theorien und Fragestellungen insgesamt den Gegenstand des Forschens erst konstituieren. Theorieperspektiven entwerfen unseren Gegenstand, Fragestellungen spezifizieren ihn, Methoden sollen ihn erschließen, in Datentypen soll er sich niederschlagen und beobachtete Fälle sollen ihn repräsentieren. In allen diesen Dimensionen kann Forschung misslingen und das Gütekriterium verfehlt werden. Dabei wird insbesondere auf die Prozessdimension verwiesen: Es ist sind permanente Justierungsprozesse, die Gegenstandsangemessenheit im Verlauf der Forschung herstellen. Die Prinzipien und erfahrungsbasierten Daumenregeln der Grounded Theory verweisen vielfältig auf diese prozessuale Herstellung multipler Passungsverhältnisse: Heuristiken des ständigen Vergleichens, theoretisches Sampling, Forschen als iterativ-zyklisches Problemlösen. Der Punkt der Gütekriterien ist hier aber zu prüfen, ob dies im Einzelfall des konkreten Forschens auch adäquat umgesetzt wurde.

Als zweites Kriterium schlagen Strübing et al. die *empirische Sättigung* einer Forschung vor. Damit ist jene Qualität bezeichnet, die eine Studie aus der empirischen Durchdringung ihres Forschungsgegenstandes und aus der Verankerung ihrer Interpretationen im Datenmaterial gewinnt. Trotz der Begriffsähnlichkeit ist mit empirischer Sättigung nicht das gemeint, was in der Grounded Theory als theoretische Sättigung firmiert. Es geht also nicht um ein auf den Theoriegeneseprozess bezogenes Abbruchkriterium in einem jeweiligen Arbeitsschritt des Vergleichens, sondern um die Dichte und Tiefe der Fundierung in der Empirie des untersuchten Feldes. Anders aber als im Glaserschen Induktivismus steht empirische Sättigung neben Breite und Tiefe des Samples sowie der Qualität von Feldzugang und Rapport eben auch für die aktive Erzeugung und die analytische Durchdringung von Datenmaterial. Empirische Sättigung tritt erst ein, wenn nicht nur Teilnehmersichten berichtet und Material paraphrasiert wird, sondern wenn diese Perspektiven schon im Prozess der Erzeugung und erst recht in der weiteren analytischen Bearbeitung immer wieder irritiert und hinterfragt werden.

Theoretische Durchdringung als drittes Kriterium meint, dass gegenstandsangemessene und theoretisch gesättigte Forschung ebenso auf Theorie angewiesen ist, wie sie auf Theorie(-fortschritt) zielt. Es handelt sich also um ein zur empirischen Sättigung komplementäres Kriterium: Erst der sensible Umgang mit Theorieperspektiven erlaubt es, aus der Fülle empirischer Beobachtungen Auswahlen zu treffen und Beobachtungslücken gedanklich zu überbrücken. Umgekehrt kann erst die tiefe Verstrickung ins empirische Material die Angemessenheit einer jeweiligen theoretischen Perspektivierung aufzeigen. Theoretische Durchdringung ist also komplementär zu empirischer Sättigung und bildet ein kritisches Korrektiv zum in vielen Bereichen der qualitativen Sozialforschung dominierenden starken Empiriebegriff. Statt der geläufigen dichotomen Entgegensetzung von Empirie und Theorie bzw. von Theorie und Methode wird mit diesem Gütekriterium das Ko-Konstitutionsverhältnis von Empirie, Theorie und Methoden herausgestellt.

In ihrem frühen Text zu Gütekriterien der Grounded Theory weisen Corbin und Strauss (1990) darauf hin, dass die Beurteilung der Qualität einer Studie in aller Regel über deren Publikation erfolgt, die Güte mithin in der Publikation dokumentiert sein und sich so gegenüber der Lesendenschaft ausweisen muss (Corbin & Strauss, 1990, S. 424). An diesem Gedanken knüpft das Gütekriterium der *textuellen Performanz* (Strübing et al., 2018, S. 93 f.) an. Wenn Texte die wesentlichen Vermittlungsagenturen zwischen wissensgenerierendem Forschungsprozess und den dieses Wissen rezipierenden Publika sind, dann stellt sich auch erst in diesen Texten und mithin in der schriftbasierten Interaktion der Forschenden mit ihren Adressaten (Fachkolleginnen, sonstige Wissenschaftler, interessierte Öffentlichkeit) die Qualität einer jeweiligen Studie her. Der Versuch, das nur den Forschenden verfügbare Wissen aus dem Forschungsprozess einer spezifischen Leserschaft mitzuteilen, kann besser oder schlechter gelingen. Wenn es gelingt, mit dem Text eine hohe Zustimmungsbereitschaft der Leserinnen herzustellen, ohne dabei zu außerwissenschaftlichen Strategien des Überredens und Überwältigens zu greifen, dann lässt sich sagen, dass der Text gut ‚performed', also seine Funktion gut erfüllt. Das ist wiederum dann nicht zu erwarten, wenn wesentliche Informationen zur Studie fehlen. Im Fall der Grounded Theory wären das etwa: Kriterien für das theoretische Sampling, die empirische Herleitung und Begründung wichtiger theoretischer Konzepte oder ein mindestens exemplarischer Einblick in die Kodierarbeit.

Forschung zielt auf die Erarbeitung neuen Wissens. Dies adressiert das fünfte Gütekriterium von Strübing et al. (2018), die *Originalität*. Unter der Voraussetzung von Gegenstandsangemessenheit, empirischer Sättigung sowie theoretischer

Durchdringung und eine gelungene literarische Darstellung einbegriffen, kann es gelingen, dass der Beitrag einer Studie als relevanter Wissensfortschritt eines jeweiligen Faches bzw. eines jeweiligen Handlungsfeldes anerkannt wird. Doch selbst bei Vorliegen der vorgenannten vier Kriterien kann eine Studie immer noch am Kriterium der Originalität scheitern, indem sie a) nur allgemein gewusstes berichtet, b) hinter das Sachwissen des Feldes zurückfällt oder c) hinter den Stand der Forschung eines jeweiligen Forschungsfeldes. Praktisch erweist sich Originalität vor allem bei einer gelungenen Einordnung des in der Studie erarbeiteten Wissens in den Stand des Wissens der Disziplin und ihrer Forschungsfragen.

Nicht jede Studie wird in allen fünf Kriterien gleichermaßen gut abschneiden, denn je nach Typ der Studie werden etwa theoretische Bezüge größere Bedeutung haben als die Dichte des empirischen Materials oder die Frage der Originalität richtet sich eher auf Neukonfigurationen von bereits weitgehend Bekanntem. Immerhin aber lässt sich unter Bezug auf diese Kriterien für jede Studie zielgenau argumentieren und einschätzen, inwiefern und inwieweit eine Studie gelungen ist. Und vor allen Dingen lässt sich dies so auch vergleichend für Studien unterschiedlicher methodischer Provenienz tun.

Grounded Theory und Situationsanalyse: Zur Weiterentwicklung der Grounded Theory

Wenn die Grounded Theory explizit die Anpassungsbedürftigkeit methodischer „rules of thumb" betont und zur Begründung auf die interpretationsbedürftige Lücke zwischen Regel und Situation verweist sowie auf die Dynamik der fortwährend neu geschaffenen sozialen Welt, dann bleibt es nicht aus, dass auch dieser Forschungsstil selbst nicht statisch bleibt, sondern fortwährend Veränderungen unterliegt. Oder andersherum: In pragmatistischer Perspektive sind Methodologien und Methoden ebenso wie Theorien am besten als Prozesse zu verstehen. Waren in den 1960er Jahren ambitionierte Gegenentwürfe zur Überwindung der Unzulänglichkeiten standardisierter Sozialforschung gefragt, so muss sich die Grounded Theory inzwischen in einem Geflecht unterschiedlicher methodologischer Positionen und methodischer Verfahren innerhalb des Spektrums der qualitativ-interpretativen Sozialforschung verorten und zugleich die Ausdifferenzierung auch der sozialtheoretischen Positionen (und ihrer methodologischen Implikationen) reflexiv auf die eigene Forschungspraxis beziehen.

Wenn man die bereits erwähnte, von Norman Denzin (2007, S. 454) aus freundlicher Halbdistanz vorgenommene Unterscheidung wesentlicher Entwicklungsrichtungen des Forschungsstils der Grounded Theory zum Ausgangspunkt nimmt, also positivistisch (Glaser), pragmatistisch (Strauss), konstruktivistisch (Charmaz) und postmodern (Clarke), dann zeigt sich zunächst ein Generationenunterschied: Kathy Charmaz und Adele Clarke, beide in San Francisco bei Strauss ausgebildet, sind die führenden Repräsentantinnen der zweiten Generation von Grounded Theory-Forscherinnen und reagieren mit ihren Vorschlägen bereits auf das in Kap. 5 diskutierte methodologische Schisma zwischen pragmatistischer und objektivistischer Grounded Theory. Der umfassendere Vorschlag stammt von Adele Clarke; er soll hier daher ausführlicher zur Sprache kommen.

© Der/die Autor(en), exklusiv lizenziert durch Springer Fachmedien Wiesbaden GmbH, ein Teil von Springer Nature 2021
J. Strübing, *Grounded Theory*, Qualitative Sozialforschung,
https://doi.org/10.1007/978-3-658-24425-5_7

Doch zunächst eine knappe Darstellung der von Kathy Charmaz entwickelten Position.[1]

7.1 Kathy Charmaz: Grounded Theory konstruktivistisch gewendet

Mit dem Label einer „Constructivist Grounded Theory" markiert die 2020 verstorbene Soziologin Kathy Charmaz seit Ende der 1990er Jahre eine Differenz ihres Forschungsstils sowohl gegenüber dem von Glaser als auch dem von Strauss. Ihren Ansatz präsentiert sie ausführlich in dem 2006 erstmals erschienenen Lehrbuch *Constructing Grounded Theory. A Practical Guide Through Qualitative Analysis.* Dabei charakterisiert sie den Ansatz von Glaser, bei dem sie ihre Methodenausbildung erhielt, als einen „engen Empirizismus" (2006, S. 8), an dem sie vor allem die induktivistische und positivistische Orientierung als unzulänglich kritisiert. Interessanterweise verortet sie aber Strauss und Corbin ebenso im positivistischen Lager, wenn auch mit einer anderen Argumentation: Vor allem mit Blick auf die im *Basics*-Buch entwickelte Position hält sie beiden vor, sich eher auf die dort vorgeschlagenen technischen Prozeduren als auf die ursprünglich prägende Idee der komparativen Methodik zu verlassen (2006, S. 8). Wenngleich man die Kritik an der bei Strauss und Corbin sichtbar werdenden Überdidaktisierung und Technisierung des Forschungsstils teilen kann, ist doch überraschend und nicht eben zwingend argumentiert, warum gerade dies dann einen pragmatistischen Ansatz zu einem positivistischen machen sollte – und nicht etwa der zur Verdinglichung neigende Datenbegriff. In einem späteren Text (Charmaz, 2011, S. 193) argumentiert sie etwas differenzierter, indem sie an Glaser vor allem dessen Objektivismus problematisiert, also das Streben „nach sparsamen, abstrakten Erklärungen" im Sinne von „Verallgemeinerungen, die unabhängig von ihren Entstehungskontexten sind" (2011, S. 193). Davon grenzt sie – allerdings ohne sich ausdrücklich auf Strauss zu beziehen – den Pragmatismus ab und

---

[1] Neben den beiden hier knapp referierten Ansätzen von Charmaz und von Clarke findet aber auch weiterhin die von Glaser geprägte Variante Anwendung – mit den in Kap. 5 geschilderten epistemologischen Inkonsistenzen. Ebenfalls verbreitet ist die nun stärker von Corbin vertretene, zunächst aber gemeinsam mit Strauss entwickelte Variante, die in „Basisc of Qualitative Research" 1990 ihren Ausgangspunkt hatte. Dabei propagiert Corbin gegenüber dem pragmatistischen Grounded Theory von Strauss weniger einen anderen Ansatz als vielmehr einen anderen Stil und eine andere Perspektive auf das Verfahren: In ihren Texten wird vor allem Wert auf detaillierte praktische Handreichungen zur richtigen Anwendung gelegt. Das führt bei aller pragmatistischen Rhetorik mitunter zu Überdidaktisierungen und verleitet zu einem instrumentellen Verständnis von Grounded Theory im Sinne einer verdinglichten Methode.

konstatiert „eine erstaunliche Passung zwischen Pragmatismus und der konstruktivistischen GTM" (S. 195). Bei Lichte betrachtet sollte sich die Überraschung
freilich in Grenzen halten. Man kann die Position von Charmaz vielleicht am besten so verstehen, dass sie Strauss und Corbin auf prozeduraler Ebene für einige
Unzulänglichkeiten kritisiert, zugleich aber die epistemologischen und sozialtheoretischen Konzeptionen, auf die die beiden sich berufen, für sehr angemessen auch
für die Weiterentwicklung der Grounded Theory hält.

In jedem Fall entwickelt Charmaz eine Position, die davon ausgeht, dass man
„basale Richtlinien der Grounded Theory mit den methodologischen Annahmen
und Ansätzen des 21. Jahrhunderts" (2006, S. 9) kombinieren kann, also aus den
mittlerweile traditionellen Grundlagen der Grounded Theory Varianten entwickeln
kann, die dem Theoriefortschritt und den veränderten Forschungsperspektiven
der letzten Jahrzehnte Rechnung tragen. Ihr Vorschlag zur Weiterentwicklung
der Grounded Theory greift dabei vor allem die epistemologische Position des
Sozialkonstruktivismus auf und betont damit die Notwendigkeit, die Rolle der
Forschenden im Forschungsprozess bei der analytischen Arbeit, aber auch schon
bei der Materialproduktion explizit zu berücksichtigen. Zweifelsohne besteht
damit ein hohes Passungsverhältnis zwischen pragmatistischer Grounded Theory
und der von ihr vorgeschlagenen konstruktivistischen Variante. Vor diesem Hintergrund ist allerdings eher die bei Charmaz über weite Strecken abgrenzende
Rhetorik überraschend.

Während konstruktivistische Grounded Theory gegenüber dem Ansatz von
Glaser in der Tat eine diametral entgegengesetzte methodologische Position ein-
nimmt, lassen sich im Vergleich mit der pragmatistischen Variante von Strauss
eher nur Akzentverschiebungen ausmachen. So betont Charmaz durchgängig und
sehr explizit die Bedeutung von Reflexivität im Forschungsprozess, ein Thema,
das bei Strauss eher implizit bleibt, wenn er z. B. kollektive Forschungsarbeit als Korrektiv für subjektive Forschungsperspektiven hervorhebt. Auch die
bei Strauss wie bei Corbin akzentuierte Rolle theoretischen und praktisch-
gegenstandsbezogenen Vorwissens als sensibilisierend für die Forschungsarbeit
lässt sich im Kontext der pragmatistischen Argumentation als ein Indiz für die
immer schon mitgedachte Reflexivität des Strauss'schen Forschungsstils lesen.

Während Strauss, Corbin oder auch Glaser keine Aussagen zu Methoden der
Materialgewinnung treffen, verwendet Charmaz einen guten Teil ihrer Aufmerksamkeit auf die Diskussion gerade dieser Verfahren und der darin erforderlichen
Reflexivität. Besondere Aufmerksamkeit lässt sie der Durchführung qualitativer
Interviews zuteilwerden, also jenem Verfahren der Materialgewinnung, das trotz
der Herkunft der Grounded Theory aus der soziologisch-ethnographischen Feldforschung, mittlerweile zumindest quantitativ die größte Bedeutung für Grounded

Theory-Studien haben dürfte. Gemessen an reflektierten aktuellen Lehrtexten zu qualitativen Interviewverfahren (z. B. Kruse, 2014; Gubrium et al., 2012; Kvale & Brinkmann, 2009; Hermanns, 2000) findet sich in Charmaz' Darstellung jedoch nichts wirklich Neues. Da Grounded Theory-Lehrbücher ansonsten aber die Materialgewinnung nicht behandeln, ist ihre Darstellung im Kontext dieses Forschungsstils eine (erfreuliche) Ausnahme. Allerdings lässt sich kaum behaupten, dass Interviews in der Grounded Theory in irgendeiner Weise anders zu führen sind, als generell in qualitativ-interpretativen Studien.

Mit Blick auf die praktische Vorgehensweise bei der Materialanalyse kombiniert Charmaz Aspekte der Kodierverfahren von sowohl Strauss und Corbin als auch von Glaser. Offenes Kodieren, wie wir es aus diesen beiden Verfahrensvarianten kennen, heißt bei ihr „initial coding" (2006, S. 47 ff.). Auch Charmaz stellt den offenen Zugang zum Material über Wort-für-Wort und Zeile-für-Zeile-Kodierungen in den Mittelpunkt. Ihren zweiten Kodiermodus nennt sie „focussed coding" (2006, S. 57 ff.). Damit ist gemeint, dass Konzepte, die nach dem offenen oder initialen Kodieren besonders interessant erscheinen, weil sie thematisch besonders einschlägig sind und z. B. eher häufig oder an zentralen Stellen im Material auftauchen, nun systematisch vergleichend durch größere Materialumfänge hindurch kodiert werden.

Die Einführung dieser gesonderten Form des Kodierens als einem eigenen Modus verdankt sich auch der Tatsache, dass Charmaz ein recht enges und entsprechend kritisches Verständnis des axialen Kodierens bei Strauss und Corbin hat. Dieses diene dazu, so schreibt sie, „Kategorien zu Unterkategorien ins Verhältnis zu setzen" (2006, S. 60). Das entspricht in etwa der Vorstellung, die Schatzmann von axialem Kodieren hat (vgl. Kap. 2), also dem Dimensionalisieren von Konzepten. Doch eigentlich geht es in der Strauss'schen Variante axialen Kodierens, wie wir gesehen haben, um mehr als das: Über generative Fragen und Vergleichsheuristiken werden einzelne fokale Konzepte systematisch zu anderen Konzepten in qualifizierte Beziehungen gesetzt. Auf diese Weise werden Zusammenhangsmodelle entwickelt, an denen sichtbar wird, wie das interessierende Phänomen prozessiert, wie es in Situationen und Kontexte eingebunden ist und insofern immer wieder variiert wird. Wenn man berücksichtigt, dass das von Glaser wie auch von Charmaz (2006, S. 61) kritisierte Kodierparadigma nur eine von vielen Möglichkeiten darstellt, Zusammenhangsmodelle gegenstandsbezogen zu entwickeln, dann zeigt sich, dass der bei Charmaz separat konzeptualisierte Modus des fokussierten Kodierens bei Strauss und Corbin einen Teil der zwischen offenem und axialem Kodieren changierenden Analysearbeit darstellt.

Etwas überraschend angesichts der deutlichen Kritik, die Charmaz immer wieder an Glasers Ansatz übt, übernimmt sie – wenn auch mit einigen Relativierungen – dessen Modus des theoretischen Kodierens mit Hilfe eines Sets von Kodierfamilien (2006, S. 63 ff.), nicht jedoch die von Strauss präferierte Form des selektiven Kodierens. Während letzteres gar keine weitere Erwähnung erfährt, hält sie dafür, dass das Kodieren entlang von Kodierfamilien die Klarheit und Präzision der Analyse verbessern kann (2006, S. 63) – zumindest, wenn die gewählten theoretischen Kodes durch die vorgängigen Kodierschritte nahegelegt werden. Die Antwort auf die Frage, was das mit einer konstruktivistischen Theorieperspektive zu tun hat, bleibt Charmaz allerdings schuldig.

7.2 Adele Clarke: Situationen und Diskurse integriert analysieren

Auch Adele Clarke, die als Nachfolgerin von Anselm Strauss bis 2013 an der University of California in San Francisco gelehrt hat, schlägt vor, die traditionelle Grounded Theory im Licht neuer Theorieentwicklungen zu überarbeiten und neu zu positionieren. Anders als Charmaz referiert sie dabei in ihrem Buch *Situational Analysis. Grounded Theory after the Postmodern Turn* (2005; dt. 2012) weniger auf den Sozialkonstruktivismus als vielmehr auf die Theorieperspektiven des „postmodern turn", auf Positionen also, die in kritischer Abgrenzung zu Rationalitätspostulaten, linearen Kausalmodellen sowie atomistischen und anthropozentrischen Konzepten sozialen Handelns beanspruchen, die tatsächliche Komplexität sozialer Prozesse und die Vielfalt der Perspektiven, in denen sie realisiert werden können, theoretisch und empirisch zu erfassen.[2] Die Grundfigur des legitimatorischen Arguments lautet bei ihr: Weil allgemeine Ursache-Wirkungserklärungen in einer pluralen Welt, wie wir sie heute erleben, immer weniger tragfähig sind, brauchen wir eine Sozialforschung, die die tatsächliche Komplexität multiperspektivisch erlebter und gestalteter Sozialität erfassen und Diversität und Ambiguität sichtbar machen kann. Reflexivität, wie sie Charmaz einfordert, ist darin bereits einbegriffen: Wenn kein Standpunkt in der Welt und kein Wahrheits-Claim Superiorität über andere reklamieren kann und doch zugleich zum Nachvollzug einer jeden Weltdeutung das Wissen um die eingenommene Perspektive unverzichtbar

---

[2] Trotz historisch weiter zurückliegender Vorläufer wurde die Postmoderne als gesellschaftstheoretische Konzeption erst mit den französischen Poststrukturalisten sozialwissenschaftlich relevant. Nach wesentlichen Vorarbeiten vor allem von Foucault war es insbesondere Loyotards zuerst 1979 erschienene Schrift „Das postmoderne Wissen", die dem „postmodern turn" Sichtbarkeit verschaffte.

ist, dann müssen auch Sozialforscherinnen sich und Anderen Rechenschaft über ihre Weltsichten und Erfahrungshintergründe geben. Während Charmaz sich noch überrascht vom Passungsverhältnis zwischen Pragmatismus und konstruktivistischer Grounded Theory zeigt, argumentiert Clarke eher mit den stillen Potenzialen der pragmatistischen Grounded Theory, die es durch eine methodologische und sozialtheoretische Neupositionierung sowie geeignete praktische Maßnahmen zu aktivieren gilt.[3]

In ihrer Charakterisierung der traditionellen Grounded Theory spricht sie davon, dass trotz der auch dort sichtbaren Entwicklung hin zu konstruktivistischen Positionen „doch einige problematische positivistische Widerständigkeiten bestehen (bleiben)" (Clarke, 2012, S. 23). Liest man weiter, so wird schnell deutlich, dass sie die Probleme vor allem in Glasers Ansatz einer stark induktivistischen Forschungslogik sieht, die insofern positivistisch ist, als sie gegenstandsbezogene Theorien ausschließlich aus empirischen Daten emergieren zu lassen beansprucht. Kritisch bezieht sie sich auch auf die von Glaser vertretene Fundierung des Forschungsstils in einer als „Basic Social Process" (BSP) bezeichneten Perspektive (Clarke, 2012, S. 24; vgl. Kap. 4), die auf akteurszentriertes Handeln fokussiert und – als Kind ihrer Zeit – mit postmodernen Subjektdekonstruktionen und praxeologischen Theorieperspektiven noch nichts am Hut hat. Dabei grenzt sie diese bei Glaser dominante Fundierung nachdrücklich von Strauss' Position ab, bezieht sich hier allerdings nicht auf dessen methodologische Arbeiten, sondern auf sein Theoriewerk rund um die Begriffe Soziale Welten, Arenen und Aushandlungen (Strauss, 1993; Strübing, 2007a): Nicht das methodologische Grundprinzip des Forschungsstils der Grounded Theory erscheint ihr problematisch, sondern einige der überkommenen Theoriebezüge.

---

[3] In der inzwischen erschienen zweiten, gemeinsam mit Carrie Friese und Rachel Washburn verfassten Auflage von „Situational Analysis" (2018) wird die in der ersten Auflage noch etwas überpointierte Bezugnahme auf den „Postmodern Turn" dann etwas zurückgenommen. Der Untertitel lautet nun: „Grounded Theory after the in Interpretive Turn" und spielt damit stärker auf die sozialtheoretische Figur der Interpretationsoffenheit und damit auch -bedürftigkeit der Welt an, der auch jede sozialwissenschaftlich methodische Auseinandersetzung mit ihr unterliegt.

Gemeinsam mit Susan Leigh Star macht Clarke das Argument stark, dass Theorie und Methode ein ‚Paket' bilden, Grounded Theory und insbesondere die Situationsanalyse also mit bestimmten theoretischen Konstrukten eine besonders stabile Verbindung eingehen (Clarke & Star, 2007). Diese Vorstellung geht zurück auf die Argumentationsfiguren aus dem Diskurs der neueren STS-Studien[4] von Clarke selbst sowie von Star und von Joan Fujimura, die in den späten 1980er Jahren die Bedeutung von Theorie-Methoden-Paketen für die Durchsetzung wissenschaftlicher Claims und Standards betont haben (Star & Griesemer, 1989; Fujimura, 1988). In der Situationsanalyse überträgt Clarke nun dieses Konzept von ihren Forschungsgegenständen aus der Wissenschaftsforschung auf den Theorie-Methoden-Bezug der qualitativen Sozialforschung. Es ist die Konsequenz nicht erst einer postmodernen sozialkonstruktivistischen Perspektive, sondern bereits der pragmatistischen Epistemologie, eine solche Konstruktion zugrunde zu legen. Denn wenn die Realität nicht mehr als universell gegeben verstanden wird – wie in den von Clarke zu Recht kritisieren positivistischen Traditionen – dann ist damit auch jede instrumentalistische Vorstellung von Methoden als theorie- und gegenstandsneutrale „Werkzeuge" der Forschung hinfällig. Methoden und Theorien sind zwei aufeinander verwiesene Aspekte einer Forschungsperspektive, die unhintergehbar in die Konstruktion der zu erforschenden Realität verstrickt ist. Empirische Forschung wird so zu „theoretischer Empirie", wie es Herbert Kalthoff formuliert hat (Kalthoff, 2008; vgl. auch Strübing, 2013, S. 31 ff.). Zugleich findet sich in Clarkes Argumentation die Denkfigur der Ko-Konstruktion wieder, mit der der Pragmatismus es schon früh verstanden hat, unfruchtbare Dualismen auf erkenntnislogischer Ebene aufzulösen und die vermeintlich getrennten Entitäten in ihrer reziproken Prozesshaftigkeit sichtbar zu machen. Grounded Theory etwa ist ein Kind des Interaktionismus der 1960er Jahre und damit zugleich der pragmatistischen Epistemologie, die die Grundlage der Entwicklung der Chicagoer Soziologie wie auch des daraus hervorgegangenen Interaktionismus ist. Umgekehrt sind viele der neueren Theoriefiguren im pragmatistischen Interaktionismus Resultat empirischer Forschung, die im Stil der Grounded Theory durchgeführt wurde. Dies gilt insbesondere für die Theorie sozialer Welten.

Ganz in dieser Argumentationslinie vertritt Clarke die These, die Grounded Theory sei im Verbund mit Interaktionismus und Pragmatismus immer schon postmodern gewesen, zumindest dann, wenn man sie nicht als reine Methodik missversteht und wenn man die von Glaser geprägte problematische Verknüpfung mit der Vorstellung eines auf individuelles Handeln fokussierenden Basic Social

---

[4] STS = *Science* and *Technology* *Studies*, ein Forschungsprogramm der neueren Wissenschafts- und Technikforschung ab den späten 1970er Jahren (vgl. Heintz, 1998).

Process überwindet (Clarke, 2012, S. 24). Clarke hat schon früh das Potenzial der Theorie sozialer Welten für die Analyse sozialer Prozesse insbesondere in organisationalen Kontexten erkannt (Clarke, 1991) und den von Strauss im Rahmen seiner medizinsoziologischen Studien sukzessive entwickelten Ansatz auf andere Forschungsfelder übertragen.

7.3   Interaktionismus und Diskurs

Doch Clarkes Ansatz ist auch deswegen eine besonders spannende Weiterführung der Grounded Theory, weil sie sich mit ihren methodologischen und Theoriebezügen nicht auf das Umfeld pragmatistisch-interaktionistischer Ansätze beschränkt. In der Leitmetapher vom *postmodern* bzw. *interpretive turn* deutet sich schon an, dass die Situationsanalyse die Grounded Theory erstmals explizit auf die integrierte Analyse auch von Diskursen als einem situationsübergreifenden Sozialzusammenhang ausrichtet. Anknüpfend an Foucault räumt sie der Zusammenführung von Diskursanalyse und Grounded Theory breiten Raum ein. Interaktionismus und Foucault, das schien lange Zeit eine recht unpassende Liaison zu sein, vor allem mit Blick auf den frühen, strukturalistisch argumentierenden Foucault, denn dort erscheinen Diskurse als übermächtige Meta-Subjekte, denen gegenüber die Gestaltungskraft individuellen wie kollektiven Handelns zu verblassen scheint.

In seinen Schriften zur Grounded Theory, aber auch in seinem theoretischen Werk bewegt sich Strauss vor allem zwischen den Polen Handlung und Struktur und betont deren dialektisches Verhältnis: Strukturen determinieren das Handeln nicht, sondern stellen Handlungsvoraussetzungen und -rahmungen dar, auf die die Akteure sich aktiv, selektiv und je spezifisch beziehen. Die Kreativität menschlichen Handelns – ein Topos, den Strauss von Mead übernommen hat – findet im Umgang mit den die Situation rahmenden Strukturen Lösungen für aktuelle Handlungsprobleme. Die Verknüpfung von Situation zu Situation wird also durch die strukturierenden Leistungen kreativer Akteure hergestellt: Es sind die in unterschiedlicher Weise verdinglichten Resultate stattgehabten Handelns, die künftigem Handeln als Bedingungen vorausliegen. Diskurse tauchen hier nicht explizit auf, und die kommunikative Seite menschlichen Handelns tritt bei Strauss nicht als spezifische Aktivität hervor. Das hat auch damit zu tun, dass er schon mit seinem Begriff der sozialen Welten darauf bedacht war, das einst von Shibutani in Anlehnung an Mead formulierte Kriterium der „limits of effective communication" (1955, S. 566, Strübing, 2007a, S. 77 ff.) als Grenzbestimmung von Sozialzusammenhängen um den aktiven, körpergebundenen Dingumgang zu erweitern (Strauss, 1978, S. 119 ff.). Sozialität ist nicht an den Austausch von Symbolen gebunden und erst recht nicht darauf beschränkt, sondern sie wird fortwährend hergestellt in manifestem, körpergebundenem Handeln, das zwar auch die symbolische Ebene umfasst, sich darin aber nicht erschöpft. Eine Eigenlogik des Diskursiven hätte Strauss vielleicht nicht bestritten, sie im Zweifel aber wohl eher als spezifische Variante von Strukturmomenten des Sozialen aufgefasst. In seiner Betonung der Bedeutung materialer Prozesse für die Erfahrungsbildung ist Strauss damit wieder bei den Wurzeln des Pragmatismus gelandet, der mit diesem Argument u. a. die Perspektivgebundenheit aller Erfahrung begründet und die Universalität von Realität und Wissen bestreitet. Wenn man diese Linie verlängert, dann kommt man nach wenigen Schritten bei praxistheoretischen Vorstellungen von wissenden Körpern und der situationsverknüpfenden Leistung vorreflexiver Praktiken an – und auf den ersten Blick zunächst nicht bei Diskursen.

Indes lässt sich kaum sinnvoll bestreiten, dass wir in postmodernen Gegenwartsgesellschaften in erheblichem Maße in Diskurse eingebunden sind. Schon die Wahrnehmungsschemata, mit denen wir uns unsere Umwelt als sinnhaft erschließen und ordnend unsere Handlungsfähigkeit sichern, sind diskursiv geprägt. Und zugleich reproduzieren wir diese Diskurse in unseren Praktiken, leisten gar – in the long run – einen Beitrag zu deren Modifikation.[5] Der Interaktionismus hat sich diesem Zusammenhang gegenüber lange eher indifferent verhalten und dabei theoretisches Kapital verschenkt, das Mead mit seiner Argumentationsfigur vom „universe of discourse" (Mead, 1934, S. 63) schon vor Dekaden bereitgestellt hatte – auch wenn der Diskursbegriff Meads noch weit von Foucaults Konzeption entfernt war. Gerade bei Strauss fällt auf, dass Fragen von Macht und Ungleichheit in seiner empirischen Forschung, aber auch in seinem theoretischen Werk eher eine untergeordnete Rolle spielen. Im Gegensatz dazu zielt Foucaults Diskursanalyse vorrangig auf die Analyse von Machtkonstellationen und nicht auf konkrete Situationsanalysen.

Brian Castellani (1996) hat sich als erster mit dem Potenzial diskurstheoretischer Positionen (insbesondere bei Foucault) für den Interaktionismus beschäftigt. Clarke knüpft an ihn an und macht, indem sie den Situationsbegriff neu fasst (s. u.), nicht nur einen theoretischen, sondern auch einen methodologischen Vorschlag zur Integration von Diskursen in die Forschungsperspektiven der Grounded Theory. Parallel dazu konnte man in den vergangenen Jahren bereits beobachten, dass die Diskursforschung sich darum bemüht, ihr methodisches Fundament

---

[5] Mit Keller (2011, S. 235) verstehe ich unter Diskurs „einen Komplex von Aussageereignissen und darin eingelagerten Praktiken, die über einen rekonstruierbaren Strukturzusammenhang miteinander verbunden sind und spezifische Wissensordnungen der Realität prozessieren".

auszudifferenzieren und dabei teilweise just auf Elemente der Grounded Theory zurückgreift (Truschkat, 2013; Keller, 2011).

Clarke (2012, S. 94 ff.) zeigt die Parallelen zwischen Foucaults Konzept von Diskursen und diskursiven Praktiken und Strauss' Konzept von Sozialen Welten und Arenen auf. Wo Foucault „diskursive Formationen" ausmacht, die temporäre Stabilisierungen diskursiver Praktiken hervorbringen, treibt Strauss die Frage um, wie und in welchen sozialen/organisationalen Prozessen Identitäten erzeugt und stabilisiert werden. Für ihn geschieht dies in „Sozialen Welten", die sich um bestimmte Kernaktivitäten herum bilden und denen Akteure in unterschiedlichem Maße angehören, je nach Qualität und Intensität der Teilhabe an diesen Aktivitäten. Aus dieser Perspektive betrachtet stellen Soziale Welten in Verbindung mit Arenen, in denen Repräsentanten verschiedener sozialer Welten miteinander in Aushandlungen über offene Fragen und Probleme stehen (Strauss, 1978), eben solche Stabilisierungen diskursiver Praktiken dar. Wenn man mit Clarke und Castellani über diese (nicht einmal sonderlich schmale) Brücke geht, dann zeigt sich, dass die Anknüpfungspunkte zwischen Diskurstheorie und Interaktionismus vielfältig sind und wichtige Elemente aktueller sozialtheoretischer Debatten betreffen. Deutlich ist zum einen die von beiden Perspektiven geteilte Annahme einer zentralen Bedeutung der Prozesshaftigkeit aller sozialen Phänomene. Zum anderen betont sowohl die Strauss'sche Handlungstheorie wie sie Clarke rezipiert, als auch die wissenssoziologische Diskursanalyse mit ihren Begriffen von Diskurs und diskursiven Praktiken die reziproke Durchdringung von „Mikro"- und „Makro"phänomenen bis hin zu einer grundsätzlichen Infragestellung dieser analytischen Ebenentrennung (Clarke, 2012, S. 114). Hinzu kommt bei Clarke die Nähe zu Konzepten der De-Zentrierung des Subjekts und der Handlungsbeteiligung von Artefakten (bzw. der Diskursrelevanz von „Dispositiven" bei Foucault), die in neueren praxistheoretischen Diskussionen relevant gemacht werden (z. B. Reckwitz, 2008).

Clarke baut diese Verbindung zunächst konzeptuell dadurch aus, dass sie den interaktionistischen Situationsbegriff kritisch reformuliert und öffnet. Ganz im Stil der pragmatistischen Kritik an unfruchtbaren Dichotomien stellt sie den Gegensatz von Situation und Kontext, wie er bei Strauss und Corbin im Kodierparadigma, aber auch in der Bedingungsmatrix (vgl. Abb. 2.4) zum Ausdruck kommt, radikal infrage:

„Die Bedingungen *der Situation* sind *in der Situation* enthalten. So etwas wie ‚Kontext‘ gibt es nicht. Die bedingten Elemente der Situation müssen in der Analyse selbst spezifiziert werden, *da sie für diese konstitutiv sind* und sie nicht etwa nur umgeben, umrahmen oder etwas zur Situation beitragen. Sie *sind* die Situation" (2012, S. 112; Herv. i. Orig.).

Man mag darüber streiten, ob mit der Abschaffung der Trennung von Situation und Kontext nicht auch wertvolles analytischen Unterscheidungsvermögen verloren geht, bzw. fragen, welche analytischen Kategorien an die Stelle dieses geläufigen Dualismus treten können. In jedem Fall ist das damit programmatisch markierte Argument im Rahmen einer pragmatistischen Epistemologie und Sozialtheorie sehr stimmig – was wenig verwundert, weil Clarke sich hier an Dewey (1938, S. 66) anlehnt. Zur Verdeutlichung ihres Situationsbegriffs entwickelt Clarke eine veränderte Version der Bedingungsmatrix von Strauss und Corbin. In ihrer Matrix (s. Abb. 7.1) zeigt sich nun deutlich die Entgrenzung des Situationsbegriffs. Dabei bezieht sie (zumindest implizit) nicht nur die meisten der von Strauss und Corbin geographisch bzw. organisational als Ebenen hierarchisierten strukturellen Elemente ein, sondern integriert auch die in der Akteur-Netzwerk-Theorie von Bruno Latour und anderen zu Prominenz gelangten „nonhuman Actants", die diskursanalytisch bedeutsamen „Diskursiven Konstruktionen von Akteuren" oder den Aspekt der „bedeutende(n) Streitpunkte". Clarke notiert dazu: „Die grundlegende Annahme ist, dass alles, was sich in der Situation befindet, so ziemlich alles andere, was sich in der Situation befindet, auf irgendeine (oder auch mehrere) Weise(n) konstituiert und beeinflusst" (2012, S. 114).

7.4 Die Forschungspraxis der Situationsanalyse

Für die empirische Analyse – und damit kommen wir zur eher methodologischen und forschungspraktischen Seite der Situationsanalyse – ist immer wieder neu zu bestimmen, *was* Bestandteil der jeweiligen Situation ist. Und, da es in postmodernen Theorieperspektiven keinen privilegierten Standpunkt (z. B. den der Forscherin) mehr geben kann, stellt sich auch die Frage, *für wen* sich welche Situation ergibt.

Angesichts der umfassenden sozialtheoretischen und methodologischen Ansprüche, die Clarke mit der Situationsanalyse formuliert, stellt sich die Frage, welche methodischen Mittel sie zu deren Einlösung der Grounded Theory hinzufügen kann, was also auf forschungspraktischer Ebene aus einer expliziten

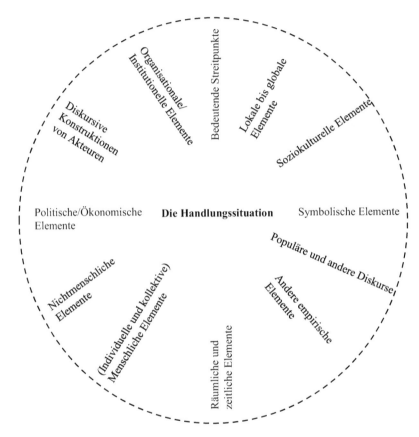

Abb. 7.1   Situations-Map nach Clarke 2012: 113

Hinwendung zu postmodernen Positionen folgt. Als Antwort darauf wartet die Situationsanalyse vor allem mit einem differenzierten Set von Mapping-Strategien auf. Dabei handelt es sich um kartographische Techniken, mit denen a) die Elemente der Forschungssituation, b) soziale Welten und Arenen, Aushandlungen, Diskurse und Arenen oder c) die Verortung zentraler Positionen im situativen Handlungsfeld und deren Besetzung/Nicht-Besetzung veranschaulicht werden können. Mit dem Mapping knüpft Clarke unübersehbar an den sozialökologisch-kartographischen Praktiken der Chicago School an, wo Ernest Burgess und Robert E. Park eine Technik entwickelt haben, um Ereignisse und Daten auf Zeitreihen

von Chicago Base Maps abzutragen und so auf Basis qualitativer wie quan-
titativer Daten Prozesse und soziale Topographien sichtbar zu machen (z. B.
Verlagerungen von ethnisch segregierten Wohngebieten, Dienstleistungszentren
oder Industrien).

Clarke übernimmt jedoch nicht Verfahrensweisen aus der frühen Chicago
School, sondern nutzt diese Idee als Inspiration für verschiedene visuelle
Ordnungs- und Analyseprozesse, die sie unter dem Begriff des „Mapping" fasst.
„Maps" haben dabei nicht (zumindest nicht primär) die Funktion der Ergebnisauf-
bereitung und -repräsentation (Clarke, 2012, S. 121), sie stellen eher Heuristiken
dar, erkenntnisstimulierende Verfahren, die jeweils in bestimmten Phasen der
Untersuchung ihren Platz finden. Sie ergänzen die aus der pragmatistischen
Grounded Theory geläufigen Kodierverfahren und sind insgesamt Bestandteil
einer abduktiven Forschungshaltung.

Situations-Maps: Mit der ersten der drei Typen von Maps, die Clarke
vorschlägt, knüpft sie an ihren erweiterten Situationsbegriff an. In Situations-
Maps, die vor allem in frühen Phasen der Analyse ihren Platz finden, sollen
alle Elemente zusammengetragen werden, die aus einer jeweiligen Perspektive
Bestandteil der Situation sind. Anders als bei einem Brainstorming geht es beim
Erstellen von Situations-Maps allerdings um konkrete Bezüge auf empirisches
Material und auf eigene Erfahrungen im konkreten Forschungsprozess (2012,
S. 121 f.), d. h. die Relevanz der jeweiligen Elemente soll aus dem vorliegen-
den Material bereits belegt sein. Entscheidend am Mapping ist dabei nicht das
Ergebnis, die Map, sondern der Prozess dorthin und die analytische Arbeit mit
der Map. So beginnt jede Situations-Map ihre Karriere in einer ungeordneten
Form, von der aus zwei Arten des Mapping unternommen werden: Zum einen
wird aus der ungeordneten Map („messy map") durch sukzessives analytisches
Ordnen eine „geordnete Arbeitsversion" (2012, S. 127), die Elemente werden
also typisiert und so geordnet (z. B. alle nicht-menschlichen Elemente/Aktanten
zusammengetragen). Damit lässt sich ein Überblick über die Topographie der
untersuchten Situation gewinnen und zeigt sich womöglich, das bestimmte Arten
von Elementen gar nicht auftauchen, andere hingegen dominieren. Zum anderen
wird die ungeordnete Map dazu genutzt in relationale Analysen auf Basis aktueller Versionen der jeweiligen Map die Zusammenhänge zwischen den Elementen
so zu untersuchen wie sie sich aus unterschiedlichen Perspektiven verschiedener Akteure/Aktanten darstellen. Hier geht es also darum, eine Perspektivierung
der Situation vorzunehmen oder andersherum: die verschiedenen Situationen herauszuarbeiten, in denen die unterschiedlichen Akteure/Aktanten das Geschehen
durchleben.

Maps sozialer Welten: Mit dem zweiten Typ von Maps greift Clarke die Idee eines Theorie-Methoden-Paketes von Grounded Theory und der Theorie Sozialer Welten von Strauss auf forschungspraktischer Ebene wieder auf und verknüpft diese nahtlos mit dem Programm der Diskursanalyse. Die analytische Hauptaufgabe dieser Art von Map ist es zu bestimmen, welche sozialen Welten von besonderer Bedeutung für den untersuchten Zusammenhang sind (2012, S. 150). Dies ist auch deshalb der Ausgangspunkt der Analyse, weil eine pragmatistisch-interaktionistische Sozialtheorie ihren Ausgangspunkt nicht bei einzelnen individuellen Handlungsakten nimmt, sondern dort, so Clarke,

> „wo Individuen wieder und wieder zu sozialen Wesen werden – durch Akte der Verpflichtung (‚commitment‘) gegenüber Sozialen Welten sowie ihre Teilnahme an Aktivitäten dieser Welten, indem sie Diskurse produzieren und zugleich durch Diskurse konstituiert werden" (2012, S. 148).

Gerade bei einer analytischen Fokussierung auf Soziale Welten und deren Aushandlungen untereinander sind die divergierenden Perspektiven unterschiedlicher kollektiver Akteure schon für die Wahrnehmung und Definition der verschiedene Sozialen Welten von großer Bedeutung:[6] Für konservative Anhänger klassischer Musik mögen Rock-, Pop-, Hip Hop- oder Techno-Fans ein schwer zu differenzierendes, amorphes Feld darstellen. Anhänger des Hip-Hop würden hingegen eher sehr differenziert zwischen Techno, Punk und Metal unterscheiden, Wagnerianer aber vielleicht nicht vom Rest der Konsumenten klassischer Musik unterscheiden können. Maps Sozialer Welten und Arenen sind insbesondere für die Analyse von in Arenen stattfindenden Aushandlungen zwischen Sozialen Welten von Bedeutung. Gerade hier liegt ein Ansatzpunkt für diskursanalytische Perspektiven, denn in Aushandlungen innerhalb und zwischen Sozialen Welten wird vielfältig auf Diskurse referiert, etwa indem sie zur Legitimation eigener Positionen und Praktiken in Anschlag gebracht werden, die Legitimation der Diskursbeiträge anderer Sozialer Welten diskreditiert wird oder indem Diskurse mit den in den jeweiligen Arenen produzierten diskursiven Formationen erzeugt, reproduziert und modifiziert werden. Analytisch besonders aufschlussreich sind, darauf weist Clarke hin (2012, S. 151), Tätigkeiten des Grenzziehens zwischen verschiedenen Sozialen Welten, das Herstellen von Legitimation sowie die Etablierung von legitimen Repräsentanten Sozialer Welten.

---

[6] Hinweise auf die Theorie Sozialer Welten und das weitere theoretische Werk von Strauss sind hier unvermeidlich und zugleich notwendig kurz gehalten. Zum besseren Verständnis s. *Clarke* 1991 und *Strübing* 2007a.

Positions-Maps: Diese dritte Art des Mapping adressiert die im Feld von verschiedenen Seiten eingenommen, unterstützten oder getragenen Positionen in Bezug auf die wichtigsten der dort diskursiv verhandelten Themen. In Ergänzung zum Mapping von Sozialen Welten und Arenen wird hier nun genauer untersucht, wie die unterschiedlichen Positionen sich zueinander verhalten, und insbesondere, welche Positionen denkbar oder gar erwartbar sind, im Material aber nicht auftauchen („Orte diskursiven Schweigens"; Clarke, 2012, S. 165). Die Verortung von Positionen erfolgt in Positions-Maps innerhalb eines zweidimensionalen Raums, der in Form eines Koordinatensystems durch die Relationierung von zwei Dimensionen eines diskursiv behandelten Themas/Gegenstandes entsteht. Ein erster analytischer Schritt ist dabei also die Bestimmung der beiden zueinander in Relation zu setzenden Dimensionen. Wenn wir z. B. die Aushandlugen um die Pränataldiagnostik in Deutschland untersuchen, könnte es sich z. B. anbieten, die Frage, von wem Schaden abzuwenden ist (ungeborenes Kind, Mutter/Familie, Gesellschaft/Steuerzahler), mit der Bedeutung ethisch-religiöser Imperative zu relationieren. Durch die Anordnung der im Material aufgefundenen Positionen auf der zwischen beiden Dimensionen aufgespannten Fläche zeigt sich dann, ob bestimmte Positionen zwar rhetorisch oder im praktischen Handeln unterschiedlich aufgeführt werden, in der Sache aber konvergieren, und auch, ob und welche Positionen ‚fehlen': Gibt es z. B. Positionen, die unter Bezug auf starke religiöse Imperative dafür argumentieren, vor allem Schaden von der werdenden Mutter und ihrem Partner/ihrer Familie abzuwenden?

Clarke betont unter Bezug auf die postmoderne Rahmung ihres Ansatzes, dass es nicht darum geht, Positionen mit einzelnen Personen, sozialen Welten oder Institutionen zu identifizieren:

> „Positionen auf Positions-Maps sind Positionen in Diskursen. Individuen und Gruppen aller Art können vielfältige und widersprüchliche Positionen zu ein und demselben Thema einnehmen – und tun dies häufig auch. Positions-Maps stellen die Heterogenität der Positionen dar" (Clarke, 2012, S. 165 f.).

Das Nicht-Auftreten bestimmter möglicher Positionen ist in zweierlei Hinsicht analytisch spannend: Zum einen können wir hier Hinweise für weitere Schritte im theoretischen Sampling gewinnen (wo könnte eine ‚fehlende' Position zu finden sein?). Zum anderen könnten sich daraus aber auch Hinweise auf spezifische Machtkonstellationen in bestimmten Diskursfeldern ergeben, die einzelne Positionen gar nicht zur Aufführung gelangen lassen, sie also unsichtbar halten. Es ist denkbar und nahliegend, im Rahmen einer Untersuchung mehrere solcher Positions-Maps zu erstellen, weil die Zweidimensionalität der Darstellung die

Zahl der zu berücksichtigenden Dimensionen je Map radikal beschränkt, aber auch weil der Erkenntnisfortschritt im Projekt immer wieder neue Dimensionen in den Mittelpunkt des Interesses rücken wird.

Die von Clarke vorgeschlagenen Mapping-Verfahren sind nicht als Abfolge zu verstehen, sondern als parallel und in Verbindung miteinander anwendbare Verfahren, um über das vorliegende Material und die bisherige analytische Struktur nachzudenken. Insbesondere Maps Sozialer Welten und Arenen sowie Positions-Maps stehen häufig in einem engen Wechselverhältnis: Während der erste Typ von Maps die Konstellation der miteinander in Aushandlungen stehenden Entitäten sichtbar macht, geben entsprechende Positions-Maps Auskunft über den *modus operandi* dieser Aushandlungen.

Gemessen an der Emphase, mit der Clarke die theoretische Bewegung hin zu einer die Verortung situierten Handelns in Diskursen und Kontexten stärker betonenden Theorieperspektive betreibt, fallen die praktischen Vorschläge dazu eher nüchtern aus. Es ist zweifelsohne eine sehr sinnvolle Heuristik, sich Zusammenhänge, Verläufe, Positionierungen oder Verteilungen graphisch zu veranschaulichen, um daraus zusätzliche Erkenntnisse zu gewinnen – ein zwingendes Erfordernis für eine postmoderne Grounded Theory ist es eher nicht. Zumal, wie auch Clarke in ihrem Buch ausführlich darstellt, schon Strauss und Corbin mit ihrer „Conditional Matrix" (u. a. Corbin & Strauss, 2008, S. 90 ff.) zur Veranschaulichung der über die Situation hinausweisenden Einbettungen von Handlungen und Praktiken in größere strukturelle Zusammenhänge eingeladen haben. Zusammenhänge, die Strauss immer so verstanden hat, dass sie das situative Handeln rahmen, zugleich aber von diesem Handeln auch sukzessive und kumulativ hervorgebracht, erhalten oder modifiziert werden.

Zusammenfassend lässt sich feststellen, dass die Stärken des Ansatzes der Situationsanalyse auf drei Ebenen zu verorten sind: 1) Auf der sozialtheoretischen Ebene macht Clarke die der Grounded Theory und ihrer pragmatistischen Forschungslogik inhärenten, aber nur selten explizierten Verbindungslinien zu postmodernen und poststrukturalistischen Positionen deutlich und im Sinne eines verbreiterten Zugriffs auf empirische Phänomene nutzbar. 2) Methodologisch substantiiert sie nicht nur das Argument einer wechselseitigen Verwiesenheit von theoretischer Positionierung und methodischer Praxis am Beispiel der GT und dekonstruiert damit das trügerische Ideal eines instrumentalistischen Begriffs von Methoden als neutralen Werkzeugen. Sie verhilft damit zugleich auch der oft verkannten Theorie sozialer Welten von Strauss zu neuer Aktualität als analytisches Werkzeug einer kontextsensitiven und für die Diskursivität des Sozialen anschlussfähigen Situationsanalyse. 3) Methodenpraktisch schließlich stellt die Technik des Mappings eine nützliche Heuristik dar, die im Forschungsalltag zwar

häufig bereits genutzt wird, in dieser Detailliertheit jedoch selten expliziert worden ist. Während allerdings zwischen dem sozialtheoretischen Argument und der
Idee der Theorie-Methoden-Pakete ein schlüssiger Zusammenhang besteht, kann
man das für die Technik des Mapping nicht behaupten. Es ist zweifellos ein
weiteres sinnvolles Mittel für jede Art qualitativer Analyse und sicher besonders nützlich, wenn es um die Durchdringung und Perspektivierung der ganzen
Komplexität von Situationen geht aber nicht zwingend für die Etablierung einer
postmodernen Theorieperspektive im Kontext der Grounded Theory.

Fazit und Ausblick

8

Grounded Theory ist, wie ich über die verschiedenen Kapitel dieses Buches dargelegt habe, ein facettenreicher und für die deutsche Methodendiskussion und -praxis in manchen Aspekten gewöhnungsbedürftiger, aber auch ertragreicher und vielfältig einsetzbarer Forschungsstil. Stark geprägt sowohl von der hierzulande inzwischen stärker rezipierte erkenntnistheoretischen und sozialphilosophischen Tradition des amerikanischen Pragmatismus, aber auch von einer eher im nordamerikanischen Raum üblichen Pragmatik im Verständnis von Wissenschaft und Forschung (vgl. zu unterschiedlichen Wissenschaftskulturen Galtung, 1983), bedarf es einiger Übersetzungsarbeit, um nicht in einen plumpen Instrumentalismus des Anwendens methodischer Regeln und Imperative zu verfallen. Die vorangegangenen Kapitel sollten dazu einen Beitrag leisten.

Von besonderer Wichtigkeit ist dabei, diese These hat das Buch strukturiert, ein adäquates Verständnis gerade der epistemologischen Grundannahmen und der sozialtheoretischen Rahmungen zu entwickeln, auf Basis derer die praktischen Verfahren als legitime wissenschaftliche Methoden zur Erforschung sozialer Zusammenhänge begründbar sind. Diese Grundannahmen, bis hin zu erkenntnistheoretischen Axiomen, sind nicht letztbegründbar, sondern stellen eine Wahl der Forschenden dar, deren Adäquanz sich allein in der Brauchbarkeit der Ergebnisse erweisen kann. Den multiperspektivischen, auf im Miteinander-Handeln realisierter Ko-Konstitution fußenden Realitätsbegriff, wie er der von Strauss geprägten Form von Grounded Theory zugrundeliegt, hat diese weder exklusiv, noch sind alle diese Aspekte dem Pragmatismus vorbehalten. Sozialkonstruktivistische Konzepte unterschiedlicher Art argumentieren hier teilweise ähnlich, und im mittlerweile weit ausdifferenzierten Feld qualitativ-interpretativer Verfahren (dazu u. a. Strübing, 2013) finden sich nicht wenige Ansätze, die implizit oder explizit von vergleichbaren Annahmen ausgehen. Eine Sonderstellung kommt der

J. Strübing, *Grounded Theory*, Qualitative Sozialforschung, https://doi.org/10.1007/978-3-658-24425-5_8

pragmatistischen Perspektive deshalb zu, weil sie theoriehistorisch vielen anderen (auch der konstruktivistischen) vorausliegt und weil sie in besonderer Weise
das Widerständige von Materialität als Erfahrungsvoraussetzung in den Erkennt-
nisprozess integriert und so mentalistische, idealistische oder kognitivistische
Vereinseitigungen von vorne herein ausschließt. Dadurch ergibt sich auch ein
außergewöhnlich gutes Passungsverhältnis der pragmatistischen Perspektive der
Grounded Theory und der Situationsanalyse zu den in den letzten Jahren stärker
diskutierten Praxistheorien (dazu Strübing, 2017).

Wenn man die beiden in Kap. 7 in unterschiedlicher Ausführlichkeit vorgestellten Weiterentwicklungen der Grounded Theory durch Charmaz und Clarke
betrachtet, dann fällt auf, dass in beiden Fällen überzeugend theoretische Positionen und auch durchdachte forschungspragmatische Vorschläge entwickelt werden
– nur, dass im Grunde kein wirklich zwingender Zusammenhang zwischen beiden
Ebenen zu bestehen scheint. Das Mapping von Clarke kann auch im Rahmen einer
konstruktivistischen Grounded Theory nutzbringend Anwendung finden, und wer
sich am Forschungsstil von Strauss oder von Strauss und Corbin orientiert, kann
diese Heuristiken in der eigenen analytischen Arbeit ebenfalls mit Gewinn einset-
zen. Ähnliches gilt für Charmaz' Ausführungen zur reflexiven Forschungspraxis.
In beiden Fällen verhalten sich die theoretische und die pragmatische Argumentation zwar stimmig zueinander (anders als im Fall der induktivistischen
GT Variante von Glaser) – ein *notwendiger* Verweisungszusammenhang besteht
jedoch nicht. Bei Glaser treten Methodentheorie und Forschungspragmatik noch
weiter auseinander, doch offenbar ohne Folgen für die praktische Verwendbar-
keit seiner Verfahrensweisen. Probleme ergeben sich bei ihm vor allem auf der
Ebene der Legitimation der Ergebnisse. Wenn man nun noch die Aussagen von
Strauss hinzunimmt, dass er und Glaser zwar dasselbe tun, aber nicht den gleichen Claim erheben (vgl. S. 76), dann stellt sich grundsätzlich die Frage nach
den Vermittlungsverhältnissen von Methodenpraxis, methodologischer Argumentation und sozialtheoretischer Verankerung. Bei Glaser hat sich gezeigt, dass seine
methodologische und epistemologische Argumentation gemessen an den aktuellen Standards des Faches unterkomplex ist, insofern unterscheidet sich sein Fall
von denen der Anderen. Bei Strauss, Strauss/Corbin, Charmaz und Clarke verhält
es sich eher so, dass die epistemologische und sozialtheoretische Argumentation
bei aller – mitunter auch von Theoriemoden abhängigen – Variation im Kern auf
einer pragmatistischen Grundlage basiert, die in variierender Weise ausbuchsta-
biert und erweitert wird. Alle diese Positionen zielen dabei schließlich auf eine
Forschungshaltung, die weitgehend konvergiert und die ich als abduktiv gekenn-
zeichnet habe. Welcher Heuristiken sich diese Forschungshaltung bedient, ist nicht

beliebig, wohl aber variabel und abhängig von konkreten Forschungsgegenständen, Feldzugängen und Materialtypen – und insofern zukunftsoffen. Im Zweifel
fährt hier am besten, wer die größte Bandbreite an konkreten Verfahren souverän
zu handhaben und kreativ auf sich wandelnde Forschungsgegenstände zu beziehen
weiß.

Denn es ist nicht zu unterschätzen, dass sich die soziologische Theoriedis-
kussion seit dem Erscheinen des Discovery-Buches in den späten 1960er Jahren
weiterentwickelt hat und damit auch auf gesellschaftliche Veränderungen reagiert,
die uns heute andere Forschungsfragen stellen lässt als vor 50 Jahren. Wo Natio-
nalstaaten an Funktion einbüßen, Familien nicht mehr nur ausnahmsweise von der
traditionellen Form abweichen, wo kulturelle Homogenität eher die Ausnahme
ist und die sozialen und materialen Konstellationen, in denen soziales Handeln
stattfindet, sich immer variantenreicher und komplexer gestalten, da genügen für
die Sozialforschung einfache Ursache-Wirkungserklärungen und größtmögliche
Generalisierungen der Befunde nicht mehr den aus diesen Verhältnissen resultie-
ren Anforderungen. Für eine pragmatistische Grounded Theory bieten sich daher
die von Charmaz, vor allem aber von Clarke angeregten Akzentverschiebungen
an: Komplexität und Diversität vor Generalisierung, Reflexivität vor Kausalität,
Multiperspektivität statt eines hegemonialen Beobachterstandpunktes. Das Fundament einer pragmatistischen Sozialtheorie erweist sich dabei als erstaunlich
leistungs- und anpassungsfähig. Und gute Grounded Theory hat die von Charmaz und Clarke reklamierten Merkmale konstruktivistischer und postmoderner
Sozialforschung auch schon vorher berücksichtigt.

Zu den Dingen, die sich über die Jahrzehnte verändert haben, gehören natürlich auch die verfügbaren Arbeitsmittel. Wo Glaser und Strauss in ihren frühen
Studien neben Stift und Papier allenfalls auf unhandliche Tonbandgeräte zurückgreifen konnten, steht heutigen qualitativ-interpretativ Forschenden neben immer
weiter miniaturisierten und digitalisierten Audio- und Videoaufnahmegeräten vor
allem ein ganzes Arsenal an Softwarepaketen für die Datenanalyse zur Verfügung.
Anselm Strauss hat in seinen letzten Lebensjahren die Anfänge dieser Entwicklung sehr aufmerksam verfolgt, weil er sich durch die Nutzung von Software
zur qualitativen Datenanalyse auch eine Präzisierung der theoretischen Argumentation in empirischen Studien erwartete (Strauss & Corbin, 1994, S. 283).
Die Entwickler des Softwarepaketes ATLAS.ti® (vgl. Friese, 2019), mittlerweile eines der führenden Programme auf diesem Markt, nahmen sich in den
späten 1980er Jahren explizit die Grounded Theory und das von Glaser und
Strauss etablierte Modell eines integrierten, flexibel am Gegenstand ausgerichteten Arbeitsprozesses zum Vorbild für die Gestaltung des Programms (Strauss
verfasste dann auch ein Vorwort zum Handbuch der ersten Windows-Version

von ATLAS.ti 1995). Inzwischen sind eine Reihe weiterer Programme verfügbar, die trotz teilweise unterschiedlicher methodischer Herkunft weitgehend auf
ähnliche flexible Prozessmodelle und Kernfunktionen setzen (z. B. MaxQDA®
oder Nvivo®).

Bei allem Komfort, den Programme wie ATLAS.ti den Forschenden bieten,
sollten wir uns allerdings trotzdem immer der Grenzen und Gefahren bewusst
sein, die dieser Art technischer Unterstützung inhärent ist: Stärker noch als
weitgehend zu Techniken kodifizierte Analyseverfahren verleiten Kodier-Tools,
Automatische Suchfunktionen, auf Knopfdruck generierte „Treffer"-Listen dazu,
die Software nicht nur als Werkzeug zu verwenden (was sie ohne Zweifel ist),
sondern deren Leistung und den methodologischen Stellenwert ihrer Ergebnisse
systematisch zu überschätzen. Nicht die Software analysiert das Material, sondern die Forscherin. Programme können uns helfen, Muster im Material zu
identifizieren, deren Stellenwert für die Untersuchung müssen wir jedoch selbst
bestimmen und selbst begründen. Software macht das Verbinden einer Material-
stelle mit einer Bezeichnung und das Wiederauffinden der so bezeichneten Stellen
zu einem Kinderspiel – das heißt aber noch nicht, dass es sich um eine methodisch angemessene und theoretisch relevante Kodierung im Sinne der Grounded
Theory handelt. Unreflektiert verwendet kehrte der methodische Instrumentalismus schnell wieder zurück in die Datenanalyse. Mit diesen Vorbehalten und
der entsprechenden Umsicht verwendet erlauben QDA-Programme (so der dafür
inzwischen etablierte Fachbegriff: Qualitative Data Analysis Programs) jedoch die
Bearbeitung und vor allem die Verwaltung und Aufbereitung größerer Materialumfänge, können zu einer Verbesserung des Theoretischen Samplings beitragen
und durch die dynamische Verbindung von Fundstellen und analytischer Struktur
nicht nur die Analyse selbst, sondern auch das Verfassen von Forschungsberichten
von viel lästiger Routinearbeit entlasten.

Ein Mittel, der Technifizierung qualitativ-interpretativer Grounded Theory-
Forschung entgegen zu wirken, liegt sicher in der Organisation von Forschung
als einem auch im Nahfeld der konkreten Projektarbeit kollektiven Unterfangen.
Häufig ist dies gerade im Zusammenhang mit wissenschaftlichen Qualifikationsarbeiten keine Selbstverständlichkeit. Wo Wissenschaft zunehmend auf individuell
gemanagte Karrieren hin orientiert ist, wird gemeinsame inhaltliche Arbeit zu
einem raren Luxus. Umso wichtiger ist es dann, dass Universitäten gezielt die
Einrichtung von Orten kollektiven Forschens gerade in der Nachwuchsförderung
unterstützen, dort also, wo junge Forscher sich in ersten eigenen Projekten ihre
methodische Handwerkskunst aneignen. Forschungswerkstätten (Riemann, 2011;
Reim & Riemann, 1997) sind eine dieser Lehr-Lernformen, die für die Etablierung
einer guten Praxis qualitativ-interpretativer Forschung unentbehrlich geworden

sind. Es gibt keinen besseren Ort, um jene delikate Balance von Kreativität und Systematik, von Empiriebezug und Theorieorientierung zu erlernen – also das, was wir in diesem Buch als abduktive Forschungshaltung kennengelernt haben.

Literatur

Annells, M. P. (1996). Grounded theory method: Philosophical perspectives, paradigm of inquiry, and postmodernism. *Qualitative Health Research, 6*(3), 379–393.

Bartlett, D., & Payne, S. (1997). Grounded theory – Its basis, rationale and procedures. In G. McKenzie, J. Powell, & R. Usher (Hrsg.), *Understanding social reserach* (S. 173–195). Falmer Press.

Bigus, O. E., Glaser, B. G., & Hadden, S. C. (1994). The study of basic social processes. In B. G. Glaser (Hrsg.), *More grounded theory methodology: A reader* (S. 38–64). Sociology Press.

Blumer, H. (1954). What is wrong with social theory? *American Sociological Review, 19*(1), 3–10.

Blumer, H. (1977). Comment on Lewis' "The classic American pragmatists as forerunners to symbolic interactionism". *Sociological Quarterly, 18*, 285–289.

Blumer, H. (1983). Going astray with a logical scheme. *Symbolic Interaction, 6*, 127–137.

Blumer, H. (2004/1969). Der methodologische Standort des symbolischen Interaktionismus (W. Meinefeld, Trans.). In J. Strübing & B. Schnettler (Hrsg.), *Methodologie interpretativer Sozialforschung. Klassische Grundlagentexte* (S. 319–385). Universitätsverlag Konstanz/UTB.

Bohnsack, R. (2014). *Rekonstruktive Sozialforschung. Einführung in qualitative Methoden* (9. Aufl.). Budrich.

Breuer, F. (Hrsg.). (1996). *Qualitative Psychologie: Grundlagen, Methoden und Anwendungen eines Forschungsstils.* Westdeutscher Verlag.

Breuer, F. (Hrsg.) (2000). Über das In-die-Knie-Gehen vor der Logik der Einwerbung ökonomischen Kapitals – wider bessere wissenssoziologische Einsicht. Eine Erregung. Zu Jo Reichertz: Zur Gültigkeit von Qualitativer Sozialforschung *Forum Qualitative Sozialforschung/Forum: Qualitative Social Research, 1*(3) 18 Abs. Zugegriffen: 11. Nov. 2002.

Breuer, F., Muckel, P., & Dieris, B. (2017). *Reflexive Grounded Theory: Eine Einführung für die Forschungspraxis* (3. Aufl.). Springer VS.

Brüsemeister, T. (2008). *Qualitative Forschung. Ein Überblick* (2. Aufl.). Springer VS.

Bryant, A. (2009). Grounded theory and pragmatism: The curious case of Anselm strauss. *Forum Qualitative Sozialforschung/Forum: Qualitative Social Research, 10*(3), 113 Abs.

Bryant, A. (2017). *Grounded theory and grounded theorizing. Pragmatism in research practice.* Oxford University Press.

Bryant, A. (2021). Continual permutations of misunderstanding: The curious incidents of the grounded theory method. *Qualitative Inquiry,27*, 397–411.

Bryant, A., & Charmaz, K. (2007). *The SAGE handbook of grounded theory.* Sage.

Bryant, A., & Charmaz, K. (2019). *The SAGE handbook of current developments in grounded theory.* Sage.

Castellani, B. (1999). Michel foucault and symbolic interactionism. The making of a new theory of interaction. *Studies in Symbolic Interaction, 22*, 247–272.

Charmaz, K. (2000). Grounded theory: Objectivist and constructivist methods. In N. K. Denzin & Y. S. Lincoln (Hrsg.), *Handbook of qualitative research* (2. Aufl., S. 509–535). Sage.

Charmaz, K. (2005). Grounded theory in the 21st century. Applications for advancing social justice studies. In N. K. Denzin & Y. S. Lincoln (Hrsg.), *Handbook of qualitative research* (3. Aufl., S. 507–535). Sage.

Charmaz, K. (2006). *Constructing grounded theory: A practical guide through qualitative analysis.* Sage.

Charmaz, K. (2011). Den Standpunkt verändern: Methoden der konstruktivistischen Grounded Theory. In K. Mruck & G. Mey (Hrsg.), *Grounded Theory Reader* (2. Aufl., S. 181–205). VS.

Chisnall, A. C, Bennett, S. C., & John, R. I. (1995). Knowledge elicitation techniques for grounded theory. Research and Development in Expert Systems XII, (Proceedings of Expert Systems '95). Sages Publications.

Clarke, A. E. (2012). *Situationsanalyse. Grounded Theory nach dem Postmodern Turn.* Springer VS (amerik. Orig.: *Situational Analysis: Grounded Theory after the Postmodern Turn.* Sage, 2005).

Clarke, A. E. (1991). Social worlds/arenas theory as organizational theory. In D. R. Maines (Hrsg.), *Social organization and social process. Essays in honor of anselm strauss* (S. 119–158). Aldine de Gruyter.

Clarke, A. E., Friese, C., & Washburn, R. (2018). *Situational analysis: Grounded theory after the interpretive turn.* Sage.

Clarke, A. E., & Star, S. L. (2007). The social worlds framework as a theory-methods package. In E. Hackett, O. Amsterdamska, M. Lynch, & J. Wacjman (Hrsg.), *Handbook of science and technology studies* (S. 113–137). MIT.

Corbin, J. M. (1998). Alternative interpretations: Valid or not? *Theory and Psychology, 8*(1), 121–128.

Corbin, J., & Strauss, A. L. (1990). Grounded theory research: Procedures, canons and evaluative criteria. *Zeitschrift für Soziologie, 19*(6), 418–427.

Corbin, J., & Strauss, A. L. (2015). *Basics of qualitative research: Techniques and procedures for developing grounded theory* (3. und 4. Aufl.). Sage (Erstveröffentlichung 2008).

Denzin, N. K. (2007). Grounded theory and the politics of interpretation. In A. Bryant & K. Charmaz (Hrsg.), *The Sage handbook of grounded theory* (S. 454–471). Sage.

Dewey, J. (1938). *Logic, the theory of inquiry.* Holt, Rinehart and Winston.

Dewey, J. (1963). The reflex arc concept in psychology. In J. Dewey (Hrsg.), *Philosophy, psychology and social practice* (S. 252–266). Putnam's Sons (Erstveröffentlichung 1896).

Dewey, J. (1995). *Erfahrung und Natur*. Suhrkamp (Erstveröffentlichung 1925).

Dewey, J. (2002). *Logik. Die Theorie der Forschung*. Suhrkamp (Erstveröffentlichung 1938).

Dey, I. (1999). *Grounding grounded theory: Guidelines for qualitative inquiry*. Academic.

Diekmann, A. (2007). *Empirische Sozialforschung. Grundlagen, Methoden, Anwendungen*. Rowohlt.

Dilthey, W. (2004), Die Entstehung der Hermeneutik. In J. Strübing & B. Schnettler (Hrsg.), *Methodologie interpretativer Sozialforschung Klassische Grundlagentexte* (S. 19–42). Universitätsverlag Konstanz/UTB (Erstveröffentlichung 1900).

Eisenhardt, K. M. (1989). Building theories from case study research. *Academy of Management Review, 14*(4), 532–550.

Eisewicht, P., & Grenz, T. (2018). Die (Un)Möglichkeit allgemeiner Gütekriterien in der Qualitativen Forschung – Replik auf den Diskussionsanstoß zu „Gütekriterien qualitativer Forschung" von Jörg Strübing, Stefan Hirschauer, Ruth Ayaß, Uwe Krähnke und Thomas Scheffer. *Zeitschrift für Soziologie, 47*(5), 364–373.

Engelmeier, G. (1994). Grounded Theory und Systemanalyse in der Informatik. In A. Boehm, A. Mengel, & T. Muhr (Hrsg.), *Texte verstehen. Konzepte, Methoden, Werkzeuge* (S. 141–158). Universitätsverlag.

Flick, U. (2001). Qualitative Sozialforschung – Stand der Dinge. *Soziologie, 2*, 53–66.

Flick, U. (2007). *Qualitative Forschung: Eine Einführung*. Rowohlt.

Friese, S. (2019). *Qualitative data analysis with ATLAS.ti* (3. Aufl.). Sage.

Fujimura, J. H. (1988). The molecular biological bandwagon in cancer research: Where social worlds meet. *Social Problems, 35*(3), 261–283.

Galtung, J. (1983). Struktur, Kultur und intellektueller Stil. Ein vergleichender Essay über sachsonische, teutonische, gallische und nipponische Wissenschaft. *Leviathan*, (3), 303–338 (Erstveröffentlichung 1981).

Geertz, C. (1987). Dichte Beschreibung: Bemerkungen zu einer deutenden Theorie von Kultur. In C. Geertz (Hrsg.), *Dichte Beschreibung: Beiträge zum Verstehen kultureller Systeme* (S. 7–43). Suhrkamp.

Gerdes, K. (Hrsg.). (1978). *Explorative Sozialforschung*. Enke.

Gerson, E. M. (1991). Supplementing grounded theory. In D. R. Maines (Hrsg.), *Social organizations and social processes. Essays in honour of Anselm Strauss* (S. 285–301). Aldine de Gruyter.

Gibson, B., & Hartman, J. (2013). *Rediscovering grounded theory*. Sage.

Glaser, B. G. (1965). The constant comparative method of qualitative analysis. *Social Problems, 12*, 436–445.

Glaser, B. G. (1978). *Theoretical sensitivity: Advances in the methodology of grounded theory*. Sociology Press.

Glaser, B. G. (1992). *Emergence vs forcing: Basics of grounded theory*. Sociology Press.

Glaser, B. G. (1998). *Doing grounded theory. Issues and discussions*. Sociology Press.

Glaser, B. G. (2002). Constructivist grounded theory? *Forum Qualitative Sozialforschung, 3*(3), 47 Abs. Zugegriffen: 13. Aug. 2003.

Glaser, B. G., & Strauss A. L. (1974). *Interaktion mit Sterbenden. Beobachtungen für Ärzte, Schwestern, Seelsorger und Angehörige*. Vandenhoeck & Ruprecht (Erstveröffentlichung 1965).

Glaser, B. G., & Strauss A. L. (1998). *Grounded Theory. Strategien qualitativer Forschung*. Huber (Erstveröffentlichung 1967).

Glaser, B. G., & Holton, J. (2004). Remodeling grounded theory. *Forum Qualitative Sozialforschung, 5*(2), 80 Abs. http://www.qualitative-research.net/fqs/fqs-texte/2-04/2-04glasere.htm. Zugegriffen: 14. Juni 2004.

Glaser, B. G., & Strauss, A. L. (1967). *The discovery of grounded theory: Strategies for qualitative research.* Aldine.

Grinter, R. E. (1995). *Using a configuration management tool to coordinate software development.* Vortrag im Rahmen der Conference on Organizational Computing Systems, Milpitas, CA.

Gubrium, J. F., Holstein, J. A., Marvasti, A. B., & McKinney, K. D. (2012). *Handbook of interview research. The complexity of the craft* (2. Aufl.). Sage.

Haig, B. D. (1995). Grounded theory as scientific method. *Philosophy of Education, 28* Abs. www.ed.uiuc.edu/EPS/PES-Yearbook/95_docs/haig.html. Zugegriffen: 8. Juli 2001.

Hammersley, M. (2001). *Ethnography and the disputes over validiity.* Vortrag im Rahmen einer Tagung der DGS-Methodensektion zu „Standards und Strategien zur Sicherung von Qualität und Validität in der qualitativen Sozialforschung", Mannheim.

Heintz, B. (1998). Die soziale Welt der Wissenschaft. Entwicklungen, Ansätze und Ergebnisse der Wissenschaftsforschung. In B. Heintz & B. Nievergelt (Hrsg.), *Wissenschafts- und Technikforschung in der Schweiz* (S. 55–94). Seismo.

Hermanns, H. (2000). Interviewen als Tätigkeit. In U. Flick, E. V. Kardorff, & I. Steinke (Hrsg.), *Qualitative Forschung. Ein Handbuch* (S. 360–368). Rowohlt.

Hildenbrand, B. (1991). Vorwort. In A. L. Strauss (Hrsg.), *Grundlagen qualitativer Sozialforschung* (S. 11–17). Fink.

Hildenbrand, B. (2004). Gemeinsames Ziel, verschiedene Wege: Grounded Theory und Objektive Hermeneutik im Vergleich. *Sozialer Sinn, 5*(2), 177–194.

Hildenbrand, B. (2005). *Fallrekonstruktive Familienforschung: Anleitungen für die Praxis* (2. Aufl.). Leske + Budrich.

Hirschauer, S., Strübing, J., Ayaß, R., Krähnke, U., & Scheffer, T. (2019). Von der Notwendigkeit ansatzübergreifender Gütekriterien. Eine Replik auf Paul Eisewicht und Tilo Grenz. *Zeitschrift für Soziologie, 48*(1), 92–95.

Hitzler, R. (2016). Zentrale Merkmale und periphere Irritationen interpretativer Sozialforschung. *Zeitschrift für Qualitative Forschung, 17*(1/2), 171–184.

Holloway, I., & Todres, L. (2003). The status of method: Flexibility, consistency and coherence. *Qualitative Research, 3*(3), 345–357.

Holweg, H. (2005). *Methodologie der qualitativen Sozialforschung: Eine Kritik.* Haupt.

Hopf, C., & Weingarten, E. (Hrsg.). (1979). *Qualitative Sozialforschung.* Enke.

Huber, A. (2001). Die Angst des Wissenschaftlers vor der Ästhetik. Zu Jo Reichertz: Zur Gültigkeit von Qualitativer Sozialforschung. *Forum Qualitative Sozialforschung/Forum: Qualitative Social Research, 2*(2), 34 Abs. Zugegriffen: 19. Apr. 2002.

Hughes, E. C. (1971). *The sociological eye: Selected papers.* Aldine.

Jansen, T. (2019). Gütekriterien in der qualitativen Sozialforschung als Form der Reflexion und Kommunikation Eine Replik auf die Beiträge von Strübing et al. und Eisewicht & Grenz. *Zeitschrift für Soziologie, 48*(4), 321–325.

Joas, H. (1992). Von der Philosophie des Pragmatismus zu einer soziologischen Forschungstradition. In H. Joas (Hrsg.), *Pragmatismus und Gesellschaftstheorie* (S. 23–65). Suhrkamp.

Joas, H., & Knöbl, W. (2004). *Sozialtheorie: zwanzig einführende Vorlesungen.* Suhrkamp.

Kalthoff, H. (2008). Einleitung: Zur Dialektik von qualitativer Forschung und soziologischer Theoriebildung. In H. Kalthoff, S. Hirschauer, & G. Lindemann (Hrsg.), *Theoretische Empirie* (S. 8–32). Suhrkamp.

Kelle, U. (1994). *Empirisch begründete Theoriebildung: Zur Logik und Methodologie interpretativer Sozialforschung.* Deutscher Studienverlag.

Kelle, U. (1996). Die Bedeutung theoretischen Vorwissens in der Methodologie der Grounded Theory. In R. Strobl & A. Böttger (Hrsg.), *Wahre Geschichten? Zu Theorie und Praxis qualitativer Interviews* (S. 22–47). Nomos.

Kelle, U. (2007). The development of categories: Different approaches in grounded theory. In A. Bryant & K. Charmaz (Hrsg.), *The Sage handbook of grounded theory* (S. 191–213). Sage.

Kelle, U. (2008). Strukturen begrenzter Reichweite und empirisch begründete Theoriebildung. Überlegungen zum Theoriebezug qualitativer Methodologie. In H. Kalthoff, S. Hirschauer, & G. Lindemann (Hrsg.), *Theoretische Empirie* (S. 312–337). Suhrkamp.

Kelle, U. (2011). „Emergence" oder „Forcing"? Einige methodologische Überlegungen zu einem zentralen Problem der Grounded-Theory. In K. Mruck & G. Mey (Hrsg.), *Grounded theory reader* (2. Aufl., S. 235–260). VS.

Kelle, U. & Kluge, S. (1999). *Vom Einzelfall zum Typus: Fallvergleich und Fallkontrastierung in der qualitativen Sozialforschung.* Opladen: Leske+Budrich.

Keller, R. (2011). *Wissenssoziologische Diskursanalyse. Grundlegung eines Forschungsprogramms* (3. Aufl.). Springer VS.

Kendall, J. (1999). Axial coding and the grounded theory controversy. *Western Journal of Nursing Research, 21*(6), 743–757.

Kiener, U., & Schanne, M. (2001). Kontextualisierung, Autorität, Kommunikation. Ein Beitrag zur FQS-Debatte über Qualitätskriterien in der interpretativen Sozialforschung. *Forum Qualitative Sozialforschung, 2*(2), 18 Abs. Zugegriffen: 19. Apr. 2001.

Kincheloe, J. L. (2001). Describing the bricolage: Conceptualizing a new rigor in qualitative research. *Qualitative Inquiry, 7*(6), 679–692.

von Kleist, H. (1964). Über die allmähliche Verfertigung der Gedanken beim Reden. In H. von Kleist (Hrsg.), *Sämtliche Werke und Briefe* (Bd. 2, S. 319–324). Hanser.

Knorr-Cetina, K. (1984). *Die Fabrikation von Erkenntnis: Zur Anthropologie der Naturwissenschaft.* Suhrkamp (Erstveröffentlichung 1981).

Kromrey, H. (1987). Zur Verallgemeinerbarkeit empirischer Befunde bei nichtrepräsentativen Stichproben. *Rundfunk und Fernsehen, 35*(4), 478–499.

Kromrey, H., Roose, J., & Strübing, J. (2016). *Empirische Sozialforschung. Modelle und Methoden der standardisierten Datenerhebung und Datenauswertung – mit Annotationen aus qualitativ-interpretativer Perspektive* (13. Aufl.). Lucius & Lucius.

Kruse, J. (2014). *Qualitative Interviewforschung: Ein integrativer Ansatz.* Beltz.

Kvale, S., & Brinkmann, S. (2009). *InterViews. Learning the craft of qualitative research interviewing* (2. Aufl.). Sage.

Lamnek, S. (1988). *Qualitative Sozialforschung Bd. 1: Methodologie.* Psychologie Verlags Union.

Lamnek, S. (1999). Erklären und Verstehen. Ein Plädoyer gegen jede apodiktische Einseitigkeit. *Zeitschrift für Humanistische Sozialwissenschaft, 4,* 114–135.

Laucken, U. (2002). Qualitätskriterien als wissenschaftspolitische Lenkinstrumente. *Forum Qualitative Sozialforschung/Forum: Qualitative Social Research, 3*(1), 83 Abs. Zugegriffen: 11. Nov. 2002.

Legewie, H., & Schervier-Legewie, B. (2004). „Forschung ist harte Arbeit, es ist immer ein Stück Leiden damit verbunden. Deshalb muss es auf der anderen Seite Spaß machen". Anselm Strauss im Interview mit Heiner Legewie und Barbara Schervier-Legewie. *Forum Qualitative Sozialforschung, 5*(3), 90 Abs. Zugegriffen: 27. Okt. 2004.

Lewis, J. D., & Smith, R. L. (1980). *American sociology and pragmatism: Mead, Chicago sociology and symbolic interaction.* University of Chicago Press.

Lincoln, Y. S., & Guba, E. G. (1985). *Naturalistic inquiry.* Sage.

Lincoln, Y. S., Pinar, W. F., & McLaren, P. (2001). An emerging new Bricoleur: Promises and possibilities: A reaction to Joe Kincheloe's „Describing the Bricoleur". *Qualitative Inquiry, 7*(6), 693–705.

Lüders, C. (2000). Herausforderungen qualitativer Forschung. In U. Flick, E. von Kardorff, & I. Steinke (Hrsg.), *Qualitative Forschung. Ein Handbuch* (S. 632–642). Rowohlt.

Lyotard, J. -F. (2009). *Das postmoderne Wissen.* Passagen-Verlag (zuerst Paris éditions Minuit, 1979).

Mayring, P. (2010). *Qualitative Inhaltsanalyse* (11., aktualisierte u. überarb. Aufl.). Beltz.

Mead, G. H. (1934). *Mind, self & society from the standpoint of a social behaviorist.* The University of Chicago Press.

Mead, G. H. (1938). *The philosophy of the act. Edited and with an introduction by Charles W. Morris.* University of Chicago Press.

Mead, G. H. (1987). Die objektive Realität der Perspektiven. In H. Joas (Hrsg.), *George Herbert Mead: Gesammelte Aufsätze* (Bd. 2, S. 211–224). Suhrkamp (Erstveröffentlichung 1927).

Melia, K. M. (1996). Rediscovering Glaser. *Qualitative Health Research, 6*(3), 368.

Mey, G., & Mruck, K. (2009). Methodologie und Methodik der Grounded Theory. In W. Kempf & M. Kiefer (Hrsg.), *Forschungsmethoden der Psychologie Zwischen naturwissenschaftlichem Experiment und sozialwissenschaftlicher Hermeneutik. Bd. III: Natur und Kultur* (S. 100–152). Regener.

Miller, S. I., & Fredericks, M. (1999). How does grounded theory explain? *Qualitative Health Research, 9*(4), 538–551.

Morse, J. M. (2007). Sampling in grounded theory. In A. Bryant & K. Charmaz (Hrsg.), *The Sage handbook of grounded theory* (S. 229–244). Sage.

Morse, J. M., Stern, P. N., Corbin, J., Bowers, B., Charmaz, K., & Clarke, A. E. (2009). *Developing grounded theory: The second generation.* Left Coast Press.

Nagl, L. (1998). *Pragmatismus.* Campus.

Oevermann, U. (1991). Genetischer Strukturalismus und das sozialwisenschaftliche Problem der Erklärung der Entstehung des Neuen. In S. Müller-Doohm (Hrsg.), *Jenseits der Utopie Theoriekritik der Gegenwart* (S. 267–336). Suhrkamp.

Peirce, C. S. (1991a). Aus den Pragmatismus-Vorlesungen. In C. S. Peirce & K. -O. Apel (Hrsg.), *Schriften zum Pragmatismus und Pragmatizismus* (S. 337–426). Suhrkamp (Erstveröffentlichung 1903).

Peirce, C. S. (1991b). Deduktion, Induktion und Hypothese. In C. S. Peirce & K. -O. Apel (Hrsg.), *Schriften zum Pragmatismus und Pragmatizismus* (S. 229–250). Suhrkamp (Erstveröffentlichung 1878).

Peirce, C. S. (1991c). Die Festlegung einer Überzeugung. In C. S. Peirce & K. -O. Apel (Hrsg.), *Schriften zum Pragmatismus und Pragmatizismus* (S. 149–181). Suhrkamp (Erstveröffentlichung 1877).

Peirce, C. S. (1991d). Einige Konsequenzen aus vier Unvermögen. In C. S. Peirce & K. -O. Apel (Hrsg.), *Schriften zum Pragmatismus und Pragmatizismus* (S. 40–87). Suhrkamp (Erstveröffentlichung 1868).

Peirce, C. S. (1991e). Wie unsere Ideen zu klären sind. In C. S. Peirce & K. -O. Apel (Hrsg.), *Schriften zum Pragmatismus und Pragmatizismus* (S. 182–214). Suhrkamp (Erstveröffentlichung 1878).

Popper, K. R. (1994). *Logik der Forschung.* Mohr (Erstveröffentlichung 1935).

Przyborski, A., & Wohlrab-Sahr, M. (2014). *Qualitative Sozialforschung. Ein Arbeitsbuch* (4., erw. Aufl.). Oldenbourg De Gruyter.

Reckwitz, A. (2008). Praktiken und Diskurse. Eine sozialtheoretische und methodologische Relation. In H. Kalthoff, S. Hirschauer, & G. Lindemann (Hrsg.), *Theoretische Empirie* (S. 188–209). Suhrkamp.

Reichenbach, H. (1983). *Erfahrung und Prognose. Eine Analyse der Grundlagen und der Struktur der Erkenntnis, Bd. 4.* Vieweg (Erstveröffentlichung 1938).

Reichertz, J. (1993). Abduktives Schlußfolgern und Typen(re)konstruktion: Abgesang an eine liebgewonnene Hoffnung. In T. Jung & S. Müller-Doohm (Hrsg.), *„Wirklichkeit" im Deutungsprozeß. Verstehen und Methoden in den Kultur- und Sozialwissenschaften* (S. 258–282). Suhrkamp.

Reichertz, J. (2000). Abduktion, Deduktion und Induktion in der qualitativen Forschung. In U. Flick, E. von Kardorff, & I. Steinke (Hrsg.), *Qualitative Forschung. Ein Handbuch* (S. 276–286). Rowohlt.

Reichertz, J. (2000b). Zur Gültigkeit von Qualitativer Sozialforschung. *Forum Qualitative Sozialforschung/Forum: Qualitative Social Research, 1*(2), 76 Abs. http://qualitative-res earch.net/fqs/fqs-d/2-00inhalt-d.htm. Zugegriffen: 24. März 2001.

Reichertz, J. (2003). *Die Abduktion in der qualitativen Sozialforschung.* Leske+ Budrich.

Reichertz, J. (2019). Abduction: The logic of discovery of grounded theory – An updated review. In A. Bryant & K. Charmaz (Hrsg.), *The SAGE handbook of current developments in grounded theory* (S. 259–281). Sage.

Reim, T., & Riemann, G. (1997). Die Forschungswerkstatt. Erfahrungen aus der Arbeit mit Studentinnen und Studenten der Sozialarbeit/Sozialpädagogik und Supervision. In G. Jakob & H.-J. von Wensierski (Hrsg.), *Rekonstruktive Sozialpädagogik* (S. 223–238). Beltz.

Riemann, G. (2011). Grounded Theorizing als Gespräch. Anmerkungen zu Anselm Strauss, der frühen Chicagoer Soziologie und der Arbeit in Forschungswerkstätten. In K. Mruck & G. Mey (Hrsg.), *Grounded theory reader* (2. Aufl., S. 405–426). VS Verlag.

Richter, A. (1995). *Der Begriff der Abduktion bei Charles Sanders Peirce.* Lang.

Rochberg-Halton, E. (1983). The real nature of pragmatism and Chicago sociology. *Symbolic Interaction, 6,* 139–145.

Rorty, R. (1998). *Truth and progress.* Cambridge University Press.

Rosenthal, G. (1995). *Erlebte und erzählte Lebensgeschichte. Gestalt und Struktur biographischer Selbstbeschreibungen.* Campus.

Schatzman, L. (1991). Dimensional analysis: Notes on an alternative approach to the groun-ding of theory in qualitative research. In D. R. Maines (Hrsg.), *Social organizations and social processes. Essays in honour of Anselm Strauss* (S. 303–314). Aldine de Gruyter.

Schatzman, L., & Strauss, A. L. (1973). *Field research: Strategies for a natural sociology.* Prentice-Hall.

Schnell, R., Hill, P. B., & Esser, E. (1999). *Methoden der empirischen Sozialforschung* (6. völlig überarbeitete und erweiterte Auflage). Oldenbourg.

Schütz, A. (2004). Common-Sense und wissenschaftliche Interpretation menschlichen Handelns. In J. Strübing & B. Schnettler (Hrsg.), *Methodologie interpretativer Sozial-forschung. Klassische Grundlagentexte* (S. 155–197). Universitätsverlag Konstanz/UTB (Erstveröffentlichung 1953).

Schütze, F. (1983). Biographieforschung und Narratives Interview. *Neue Praxis, 13*(3), 283–293.

Schütze, F. (1984). Kognitive Figuren des autobiographischen Stegreiferzählens. In M. Kohli & G. Robert (Hrsg.), *Biographie und soziale Wirklichkeit* (S. 78–117). Metzler.

Seale, C. (2007). Quality in qualitative research. In C. Seale, G. Gobo, J. F. Gubrium, & D. Silverman (Hrsg.), *Qualitative research practice* (S. 379–389). Sage.

Shalin, D. N. (1986). Pragmatism and social interactionism. *American Sociological Review, 51*, 9–29.

Shibutani, T. (1955). Reference groups as perspectives. *American Journal of Sociology, 60*, 562–569.

Simmons, O. E. (1995). Illegitimate uses of the „grounded theory". In B. G. Glaser (Hrsg.), *Grounded theory 1984–1994* (S. 687–698). Sociology Press.

Smit, J. (1999). Grounded theory methodology in IS research: Glaser versus Strauss. *South African Computer Journal, 24*, 219–222.

Star, S. L. (1991). The sociology of the invisible: The primacy of work in the writings of Anselm Strauss. In D. R. Maines (Hrsg.), *Social organizations and social processes. Essays in honour of Anselm Strauss* (S. 265–283). Aldine de Gruyter.

Star, S. L., & Griesemer, J. R. (1989). Institutional ecology, ‚translations‘ and boundary objects: Amateurs and professionals in Berkeley's museum of vertebrate zoology, 1907–1939. *Social Studies of Science, 19*, 387–420.

Steinke, I. (1999). *Kriterien qualitativer Forschung. Ansätze zur Bewertung qualitativ-empirischer Sozialforschung.* Juventa.

Strauss, A. L. (1978). A social world perspective. *Studies in Symbolic Interaction, 1*, 119–128.

Strauss, A. L. (1984). *Qualitative analysis in social research: Grounded theory methodology.* FernUniversität Hagen.

Strauss, A. L. (1991a). The Chicago traditions's ongoing theory of action/interaction. In A. L. Strauss (Hrsg.), *Creating sociological awareness: Collective images and symbolic representations* (S. 3–32). Transaction Publishers.

Strauss, A. L. (1991b). *Grundlagen qualitativer Sozialforschung.* Fink (Erstveröffentlichung 1987).

Strauss, A. L. (1991c). Mead's multiple conceptions of time and evolution: Their contexts and their consequences. *International Sociology, 6*, 411–426.

Strauss, A. L. (1993). *Continual permutations of action.* Aldine de Gruyter.

Strauss, A. L. (1994). From whence to wither: Chicago style interactionism. *Studies in Symbolic Interaction, 16*, 3–8.

Strauss, A. L. (2004). Analysis through microscopic examination. *Sozialer Sinn, 5*(2), 169–176.

Strauss, A. L., & Corbin, J. (1990). *Basics of qualitative research: Grounded theory procedures and techniques* (2. Aufl.: 1998). Sage.

Strauss, A. L., & Corbin, J. (1994). Grounded theory methodology: An overview. In N. K. Denzin (Hrsg.), *Handbook of qualitative research* (S. 273–285). Sage.

Strauss, A. L., & Corbin, J. (1996). *Grounded Theory: Grundlagen qualitativer Sozialforschung.* Beltz (Erstveröffentlichung 1990).

Strauss, A. L., & Corbin, J. (2016). Methodological assumptions. In C. Equit & C. Hohage (Hrsg.), *Handbuch grounded theory* (S. 128–140). Beltz Juventa.

Strübing, J. (2002). Just do it? Zum Konzept der Herstellung und Sicherung von Qualität in grounded theory-basierten Forschungsarbeiten. *Kölner Zeitschrift für Soziologie und Sozialpsychologie, 54*(2), 318–342.

Strübing, J. (2005). *Pragmatistische Wissenschafts- und Technikforschung. Theorie und Methode.* Campus.

Strübing, J. (2006). Wider die Zwangsverheiratung von Grounded Theory und Objektiver Hermeneutik. Eine Replik auf Bruno Hildenbrand. *Sozialer Sinn, 7*(1), 147–157.

Strübing, J. (2007a). *Anselm Strauss.* UVK.

Strübing, J. (2007). Research as pragmatic problem-solving. The pragmatist roots of empirically-grounded theorizing. In A. Bryant & K. Charmaz (Hrsg.), *The Sage handbook of grounded theory* (S. 581–601). Sage.

Strübing, J. (2011). Zwei Varianten von Grounded Theory? Zu den methodologischen und methodischen Differenzen zwischen Barney Glaser und Anselm Strauss. In K. Mruck & G. Mey (Hrsg.), *Grounded Theory Reader* (2. Aufl., S. 261–277). VS Verlag.

Strübing, J. (2013). *Qualitative Sozialforschung. Eine komprimierte Einführung für Studierende.* Oldenbourg.

Strübing, J. (2017). Where is the Meat/d? Pragmatismus und Praxistheorien als reziprokes Ergänzungsverhältnis. In H. Dietz, F. Nungesser, & A. Pettenkofer (Hrsg.), *Pragmatismus und Theorien sozialer Praktiken. Vom Nutzen einer Theoriedifferenz* (S. 41–75). Campus.

Strübing, J. (2017). Theoretischer Konservatismus und hegemonialer Gestus. Über ungute professionspolitische Spaltungen Kommentar zu Ronald Hitzlers „Zentrale Merkmale und periphere Irritationen…". *Zeitschrift für Qualitative Forschung, 18*(1), 91–99.

Strübing, J. (2019). The pragmatism of Anselm L. Strauss: Linking theory and method. In A. Bryant & K. Charmaz (Hrsg.), *The SAGE handbook of current developments in grounded theory* (S. 51–67). Sage.

Strübing, J. (2019). Grounded theory und theoretical sampling. In N. Baur & J. Blasius (Hrsg.), *Handbuch Methoden der empirischen Sozialforschung* (2. Aufl., S. 525–544). Springer VS.

Strübing, J., Hirschauer, S., Ayaß, R., Krähnke, U., & Scheffer, T. (2018). Gütekriterien qualitativer Sozialforschung. Ein Diskussionsanstoß. *Zeitschrift für Soziologie, 47*(2), 83–100.

Tavory, I., & Timmermans, S. (2014). *Abductive analysis. Theorizing qualitative research.* Chicago University Press.

Terhardt, E. (1995). Kontrolle von Interpretationen: Validierungsprobleme. In E. König & P. Zedler (Hrsg.), *Bilanz qualitativer Forschung Bd. 1: Grundlagen qualitativer Forschung* (S. 373–397). Deutscher Studien Verlag.

Thayer, H. S. (1973). *Meaning and action: A study of American pragmatism.* Bobbs-Merril.

Thomas, W. I., & Thomas, D. S. (1928). *The child in America: Behavior problems and programs.* Alfred A. Knopf.

Tiefel, S. (2005). Kodierung nach der Grounded Theory lern- und bildungstheoretisch modifiziert: Kodierleitlinien für die Analyse biographischen Lernens. *Zeitschrift für Qualitative Bildungs-, Beratungs- und Sozialforschung, 5*(1), 65–84.

Truschkat, I. (2013). Zwischen interpretativer Analytik und GTM – Zur Methodologie einer wissenssoziologischen Diskursanalyse. In R. Keller & I. Truschkat (Hrsg.), *Methodologie und Praxis der Wissenssoziologischen Diskursanalyse* (S. 69–87). VS Verlag.

Urquhart, C. (2013). *Grounded theory for qualitative research. A practical guide.* Sage.

Wagenknecht, S., & Pflüger, J. (2018). Making cases: On the Processuality of Casings in Social Research. *Zeitschrift für Soziologie., 47*(5), 289–305.

Weber, M. (1980). *Wirtschaft und Gesellschaft: Grundriss der verstehenden Soziologie.* Mohr (Erstveröffentlichung 1922).

Wernet, A. (2001). *Einführung in die Interpretationstechnik der objektiven Hermeneutik.* Leske + Budrich.

Wilson, T. P. (1982). Qualitative oder quantitative Methoden in der Sozialforschung. *Kölner Zeitschrift für Soziologie und Sozialpsychologie, 34,* 487–508.

Winter, G. (2000). A comparative discussion of the notion of „validity" in qualitative and quantitative research. *The Qualitative Report (Online serial), 4*(3/4), 58 Abs. http://www.nova.edu/ssss/QR/QR4-3/winter.html. Zugegriffen: 24. März 2001.

Znaniecki, F. (2004). Analytische Induktion in der Soziologie. In J. Strübing & B. Schnettler (Hrsg.), *Methodologie interpretativer Sozialforschung. Klassische Grundlagentexte* (S. 265–318). Universitätsverlag Konstanz/UTB (Erstveröffentlichung 1934).

Stichwortverzeichnis

A

Abduktion, 48–53, 58, 91
Abhängigkeit, funktionale der
  Arbeitsschritte, 11
Abkürzungsstrategie, for-
  schungspragmatische,
  101
Abstraktion vs. Generalisierung, 31
Akteur-Netzwerk-Theorie in der
  Situationsanalyse, 117
Akteur, nichtmenschlicher, 117
Analyse
  dimensionale, 93
  im Verhältnis zum Kodieren, 16
Angemessenheit, 92
Arbeit als dialektischer Begriff, 11

B

basic social process
  bei Glaser, 77
  Kritik bei Clarke, 112
Bewährung, praktische, 92
Blitz, abduktiver, 46, 50, 58, 61
Bohnen-Syllogismus (Peirce), 48

C

Chicago School, 71
Columbia School, 71

constant comparative method s. Methode
  des ständigen Vergleichens, 93

D

Daten, Begriff von, 48
Deduktion, 48, 66
Dewey, J., 5, 11, 33, 43, 65, 67, 79
Dey, I., 21
Dilthey, W., 13
Dimension von Konzepten und Kategorien,
  32
Dimensionalisierung, 18, 21–26, 90
Diskursanalyse als Teil der
  Situationsanalyse, 114
Dokumentation des Forschungsprozesses,
  97
Durchdringung, theoretische als
  Gütekriterium, 104

E

Eigenschaft von Konzepten u. Kategorien,
  32
Emergenz, 77
  Problematik von, 62
  von Theorie aus Daten, 74
Entdeckungsmetapher, 59
Ergebnissicherung, fortlaufende durch
  Memoing, 36
Erkenntnisfähigkeit, praktische

Printed in the United States
by Baker & Taylor Publisher Services